改訂版

ウェブ解析士 認定試験 2020問題集

改訂版 公式テキスト2020（第11版）対応

ウェブ解析士協会 カリキュラム委員会 ［編著］

本書のサポートサイト

本書の補足情報、訂正情報などを掲載します。適宜ご参照ください。

https://book.mynavi.jp/supportsite/detail/9784839973285.html

はじめに

本書は、2020年の「ウェブ解析士認定試験」に対応した問題集で、『改訂版 ウェブ解析士認定試験公式テキスト2020』(以降、公式テキスト)に準拠しており、同じ構成になっています。公式テキストを読んだ上で、理解を確認するために活用してください。

ウェブ解析を実践するにあたっては、身に付けなければならない知識が年々増加しています。特に広告関連の仕組みについては、昨年の知識が同じように今年も使えるという保証はありません。しかし、それぞれの広告技術の表面的な知識に左右されることなく、ウェブ解析の意義と活動の軸となる体系をしっかり理解していれば、変化に影響されず、その知見を活かし続けることができます。

資格取得はそのための第一歩でしかありませんが、その一歩がウェブ解析士としての道となります。公式テキストと併せて本書で理解度を確認することで、ウェブ解析の体系はあなたの力となっていくはずです。

ウェブ解析士認定試験は、60分の試験時間中に合計60問が各章から出題されます。すべて4択問題です。計算問題も含まれるため、公式テキストと電卓(計算機能のみ)の持ち込みが可能です。一定の合格基準点(非公開)に達した上で、所定のアクセス解析レポートを提出することで、晴れて資格を取得し、ウェブ解析士としての活動が認められます。

また、今後、ウェブ解析士は、資格としての側面だけでなく、さまざまな知見を持った方々の交流の場として、コミュニティ化が進んでいくと考えています。公式テキストとこの問題集を通じて、あなたがそのコミュニティに参加される日を心待ちにしています。

2020年1月

ウェブ解析士協会　カリキュラム委員会

寺岡 幸二

試験について

●ウェブ解析士試験の時間と試験問題（2020年1月現在）

ウェブ解析士認定試験では、1つの正解を選ぶ4択問題が60問出題されます。試験時間は60分（英語版は80分）で、パソコンによる試験です。

公式テキストおよび講座受講時のテキスト、自身の資料などは持ち込みが認められています。また、試験中は計算機能のみの電卓が利用できますが、スマートフォンなどの電卓機能は認められない場合があります。

試験は、試験会場のほか、在宅での受験も可能です。会場によっては、本人確認の書類（運転免許証など）が求められることがあります。

なお、定期的な試験結果の監査として、試験回答内容について、後日電話やメールなどで受験者に確認する場合があることに注意してください。

●ウェブ解析士認定試験受験方法

受験方法には「会場型試験」と「在宅試験」があります。

○会場型試験は、ウェブ解析士協会が認定した会場で受験する方法です。開催する時刻に会場に集まり、ウェブ解析士認定試験を受けます。

○在宅試験は、パソコンを用いて、どこからでも受験が可能です。通常のウェブ解析士認定試験と同様に「ウェブ解析士」の「試験スケジュール」から申し込んでください（試験の会場に「オンライン」と表示されます）。

●合格基準と認定について

ウェブ解析士認定試験の合格基準は非公開です。パソコンで受験した場合は、合否は試験終了後すぐに確認 できます。また、試験合格後にレポートを提出して合格することが認定の条件となります。

●ウェブ解析士フォローアップ試験

資格維持要件の1つに、毎年行われるフォローアップ試験に合格する必要があります。不合格でも何度も受験可能ですが、一度不合格になると一定期間再受験はできません。受験期日は2020年11月30日です。

上級ウェブ解析士、ウェブ解析士マスターのフォローアップ試験も同様です。

目次

はじめに ………… 003

第１章　ウェブ解析と基本的な指標 ………… 007

第２章　環境分析とKPI ………… 037

第３章　ウェブ解析の設計 ………… 067

第４章　モデルごとのコンバージョン設計 ………… 099

第５章　露出効果の解析 ………… 129

第６章　エンゲージメントと間接効果 ………… 163

第７章　自社サイトの解析 ………… 189

第８章　レポーティング ………… 215

第１章
ウェブ解析と基本的な指標

本章の範囲からは、ウェブ解析の意義やウェブ技術に関する基礎的なことが出題されます。また、ウェブ解析で使われる基本的な指標について、計算問題も出題されます。

問1-1

ウェブ解析の範囲に関する取り組みとして、誤っているものを選びなさい。

1. オンライン広告だけでなく、テレビCM放映時のアクセス状況の変化を見る。
2. キャンペーンの反応を見るために、ソーシャルメディアでの投稿内容を調べる。
3. 電話問い合わせによる解析を省くため、ウェブには電話番号を掲載しない。
4. 第三者が提供する個人属性データとアクセスデータを連携して、ユーザー解析を行う。

Reference 公式テキスト参照ページ

1-1-1　ウェブ解析の範囲 …… p.002

ヒント

ウェブ解析に含まれるビジネス解析では、売上や電話の着信本数などのオフラインのデータも対象になります。

問1-1の解答：3

ウェブ解析とは、**事業の成果につなげることを目的に、ユーザーの行動や心理を明らかにしていくこと**です。そのためには、デジタル端末を利用して接する範囲だけでなく、オフラインも解析対象となります。

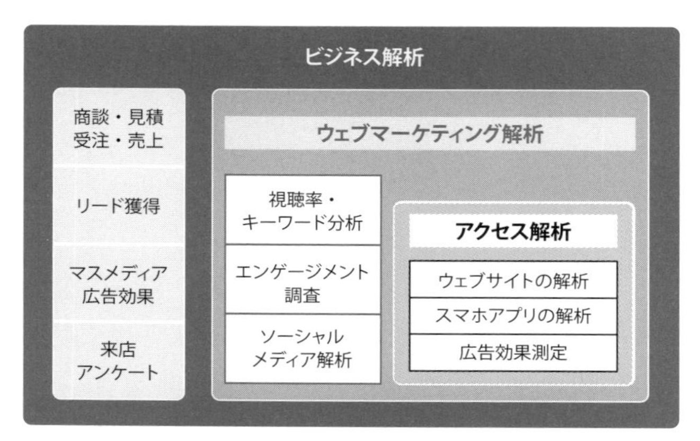

● ウェブ解析の範囲

ちなみに、「解析」は「Analytics」、「分析」は「Analysis」です。前者は論理的に調べていくもので、後者は要素に分けて調べていくものという違いがあります。「解釈を入れる」のか「分ける」のかと考えるとわかりやすいでしょう。解析と分析を混同して用いているケースがありますが、ウェブ解析では明確に使い分けています。

インフォメーション

実際に、どのように取り組むのか、その際に利用するフレームワークやツールについては、公式テキストの「2-1　環境分析と戦略立案」(p.052)を参照してください。

問1-2

次に示した文章で、空欄に当てはまる選択肢として、正しいものを選びなさい。

「(A)」とは、視聴率・キーワード分析やソーシャルメディア分析など、アクセス解析ではないものの、(B)に活用できるデータのことである。

1. (A)ビジネス解析　(B)ビジネス
2. (A)ウェブマーケティング解析　(B)マーケティング
3. (A)ビジネス解析　(B)マーケティング
4. (A)ウェブマーケティング解析　(B)営業活動

Reference　公式テキスト参照ページ

1-1-1　ウェブ解析の範囲 …… p.002

問1-3

ウェブ解析について説明した文章として、最も適切なものを選びなさい。

1. ウェブ解析の最終目的は、ウェブサイトを改善することである。
2. ウェブ解析は、一度の分析でどれだけ事業の成果につながる提案ができるかが重要であり、その後の改善活動で成果をあげていくことは重要ではない。
3. ウェブ解析は、ウェブサイトあるいはウェブマーケティングに関わるデータ分析が中心であり、売上や受注率、商談率などの解析は不要である。
4. ウェブ解析は、商談率や受注率などのオフラインのデータも事業の成果につながるようであれば、測定対象としなければならない。

Reference　公式テキスト参照ページ

1-1-1　ウェブ解析の範囲 …… p.002

問1-2の解答:2

「ウェブマーケティング解析」とは、自社サイトやアプリでは計測できないものの、市場や競合の状況を知るために必要なインターネット上のデータを活用した解析のことです。例えば、検索ワードのボリュームや地域、ソーシャルメディアの投稿状況を確認することで、市場全体を俯瞰できます。また、いくつかの企業などから提供されているインターネット視聴率データを活用すれば、競合の集客状況をベンチマークできます。

自社の戦略を立てる上で非常に重要な解析となるので、積極的にデータを活用していきましょう。

インフォメーション

公式テキストの「2-2-3　ベンチマーキングのための情報ソースとツール」(p.071)で、さまざまなツールを紹介しています。

問1-3の解答:4

1. ウェブ解析の最終目的は、事業の成果に結び付けることです。サイト改善はあくまでも手段に過ぎません。
2. ウェブ解析は、提案にとどまらず、その後の施策実施や効果検証を行い、さらに改善を繰り返すことが重要です。
3. ウェブ解析の範囲として解析された指標は、すべて改善の対象となります。それは、受注率や商談率についても同様です。

ビジネス解析の範囲は、そのビジネスモデルによってとるべき指標が変わってきますが、オフラインの取り組みだからといって、測定や改善の対象外とはなりません。オフラインの施策改善がオンラインよりも有効と判断される場合は、その施策提案や実行、改善まで行う必要があります。

問1-4

ウェブ解析の説明として、誤っているものを選びなさい。

1. ウェブ解析で得られるデータは、基本的にはユーザーの行動履歴であり、入力履歴でしかない。
2. ウェブ解析で得られるデータの内容が、そのまま事業の成果に直結する。
3. ウェブ解析のデータから、ユーザーの心理や行動を理解することが重要である。
4. ウェブ解析の結果は、事業の関係者に顧客満足度の重要性を伝える橋渡しの役割を果たす。

Reference　公式テキスト参照ページ

1-1-2　ウェブ解析が事業に貢献する範囲 …… p.003

問1-5

「UX（ユーザエクスペリエンス）」「UI（ユーザインターフェース）「CX（カスタマーエクスペリエンス）」の説明として、誤っているものを選びなさい。

1. UXとは、部分的な顧客と企業との接点におけるユーザーとしての体験を指す。
2. CXを高めることで、顧客はブランドに対してエンゲージメントを高める。
3. UIとは、ユーザーがウェブサイトやアプリと情報をやり取りする接触面において、そこで得られる体験を指す。
4. ウェブサイト以外にも企業から見て顧客としての体験、すなわちCXは数多く存在している。

Reference　公式テキスト参照ページ

1-1-4　UXとCXの重要性 …… p.003

問1-4の解答：2

ウェブ解析で得られるデータは、あくまでもユーザーの行動履歴や入力履歴に過ぎず、それだけでは事業の成果には直結しません。そこからユーザーの行動心理を推し量ることが、必要かつ重要なのです。

その行為が解析であり、得られた結果から顧客満足度を上げる改善を繰り返すことで事業の成果につなげるのがウェブ解析です。

ウェブ解析のデータは、数字として明確に表現されるため、経営者や事業の担当者にも理解しやすく、顧客満足度の重要性を伝えるという役割も果たします。

問1-5の解答：3

「X」は「**eXperience**」（体験）で、「I」は「**Interface**」（操作画面）のことです。これを理解しておけば難しい問題ではありません。

UXとCXはどちらも「体験」を意味しますが、**UXは主にメディアを通じた体験**のことで、**CXは商品やサービスを認知・検討すること、購入・使用して再度の商品購買につながるなど、顧客としてのあらゆる体験**を指します。

昨今では、インターネット上での体験にとどまらず、さまざまな接点で体験の向上に努めることが必要とされています。

インフォメーション

公式テキストの「6-1-1　エンゲージメントとは」（p.252）も参照してください。

問1-6

ブランディングについて、次の文章で空欄に当てはまる正しいものを選びなさい。

ブランディングは、(A)を維持・強化することで継続的な事業の成果向上につなげる手法と考えることもできます。そのために、さまざまなメディアを通じたコミュニケーションを継続して行うことで、(B)を高めることが重要となってきています。

1. (A)LTV　(B)コンバージョン
2. (A)CX　(B)コンバージョン
3. (A)LTV　(B)エンゲージメント
4. (A)CX　(B)エンゲージメント

Reference　公式テキスト参照ページ

1-1-5　ブランドの価値 …… p.004

問1-7

それぞれの立場でのウェブ解析との向き合い方について、正しいものを選びなさい。

1. 経営者がウェブに対して正しく向き合うことは難しく、リスクとなるのでマーケティング部門主体の組織を作る。
2. ウェブ担当者の多くは、多忙な業務や社内のウェブへの無理解のために時間や機会を奪われ、十分な活躍ができないので、できる限りコストをかけないように行動する。
3. ウェブ担当者の業務範囲は、自社のウェブサイトだけにとどまらず、トリプルメディアなどの全般を俯瞰して、ウェブの活用の戦略立案をする必要がある。
4. ウェブ業界は低コスト化と多様化に直面しているが、制作コストは人月計算が主流であるため、できる限り見積計上の正確性に注力する。

Reference　公式テキスト参照ページ

1-2-1　ウェブに対する課題 …… p.007

問1-6の解答：3

少し前までのウェブマーケティングでは、メディア上での獲得（見込み客から顧客への遷移）を意味する「**コンバージョン**」を最適化するための施策が主流でしたが、昨今はより長期的な価値を生む「**ライフタイムバリュー**（**LTV**）」を高く維持するための施策が重要となっています。

そのためには、さまざまなメディアを通じたコミュニケーションによって「エンゲージメント」を高めることが重要です。

「**CX**」は、商品やサービスに対する顧客の一連の体験のことであり、指標的な意味よりもコンテンツ的な意味を持っています。その性質から、CXを競合との差別化を図るための起爆剤とする動きも見られます。

インフォメーション

ブランドとは、対象の商品やサービスに対して「値段に関係なく必ず買う」「多少値段が高くても買う」といった「価格以外の価値を持ち合わせていること」といえます。

問1-7の解答：3

トリプルメディアとは、「**オウンドメディア**」（所有しているメディア）、「**ペイドメディア**」（購入したメディア）、「**アーンドメディア**」（信頼を得るためのメディア）の3つを指します。ウェブ担当者は、これらを通じて事業の成果につながる環境を構築しなくてはなりません。

なお、正解以外の選択肢については、それぞれ次のような部分の言及に誤りがあります。

1. 経営者は、自らがウェブの活用戦略を立てるようにする必要があります。
2. ウェブ担当者は、コストを投資と捉え、収益や恩恵に対する説明責任を持ちます。
4. 人月計算などの常識にとらわれず、成果報酬型などの仕組み作りも必要です。

問1-8

解析サイクルを回す方法について、空欄に当てはまる正しいものを選びなさい。

PDCAサイクルでは、いきなり(A)での改善を手がけることはできません。まずは短期間のサイクルを優先し、しだいに大規模かつ長期間にわたるPDCAサイクルへと拡張していきましょう。ウェブ解析においては、施策の(B)よりも、PDCAサイクルを(C)回し、改善活動を繰り返すほうが有効です。小さく迅速に施策を積み重ね、(D)を重ねることで成功法則を発見していきます。

1. (A)大規模　(B)確度　(C)無視して　(D)知識
2. (A)短期間　(B)時期　(C)正確に　(D)エンゲージ
3. (A)アジャイル　(B)予算　(C)迅速に　(D)共感
4. (A)長期間　(B)精度　(C)素早く　(D)経験

Reference　公式テキスト参照ページ

1-2-2　ウェブ解析士の役割と業務 …… p.008

インフォメーション

「**PDCAサイクル**」とは、本来は生産管理や品質管理をスムーズに進めるための概念です。

・**Plan**(計画):従来の実績や将来の予測などをもとにして業務計画を作成する
・**Do**(実施):計画に沿って業務を行う
・**Check**(検証):業務の実施が計画に沿っているかどうかを確認する
・**Action**(対策):実施が計画に沿っていない部分を調べて対応する

これらの4つの頭文字から「**PDCAサイクル**」と呼ばれています。

問1-8の解答：4

PDCAサイクルでは、計画・実施・検証・対策の循環を繰り返すことで成果をあげていきます。最初は短期間で小規模なサイクルから始めて、徐々に長期的かつ大規模なサイクルにしていきます。

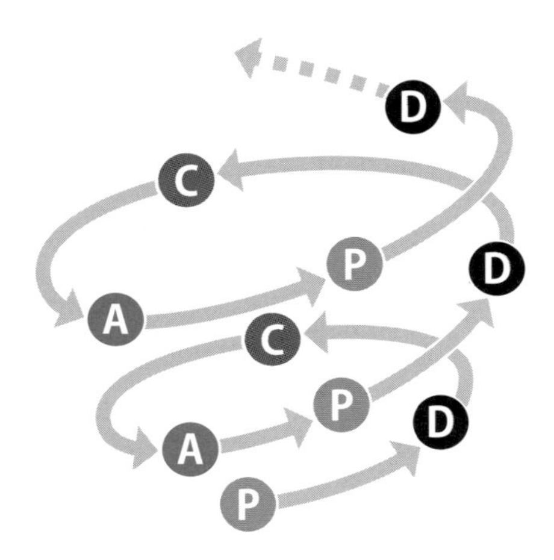

●スパイラルアップしていくPDCAサイクルのイメージ

昨今では、特に「**アジャイルマーケティング**」と呼ばれる、より短期間なサイクルとすることも増えてきています。それに向けた体制づくりも必要です。詳しくは、公式テキストのp.012で「アジャイル型」として説明しているので、取り組む際の参考にしてください。

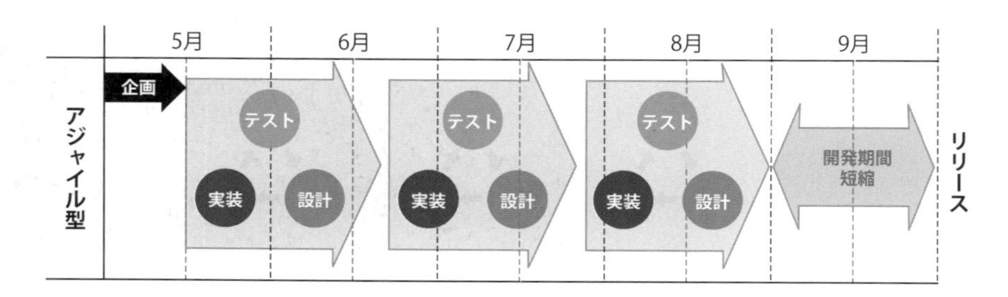

●アジャイル型の改善プロセスの例

問1-9

ウェブ解析において、データから行動を促すために必要な3つの情報として、正しいものを選びなさい。

1. 仮説検証・問題発見・対策立案
2. 対策立案・対策予算・提案書
3. 仮説検証・データの羅列・原因分析
4. 仮説検証・対策立案・データの羅列

Reference　公式テキスト参照ページ

1-2-2　ウェブ解析士の役割と業務 ……… p.008

問1-10

組織でウェブ解析を実現するための活動として、ふさわしくないものを選びなさい。

1. データを理解するための勉強会の実施
2. データに日常的に触れるための環境整備
3. キャンペーン管理シートによる保存
4. 効果のあった事例だけを広めるための活動

Reference　公式テキスト参照ページ

1-2-3　組織でウェブ解析を実現するための活動 ……… p.013

問1-9の解答：1

ウェブ解析では、次の3つの視点でデータを見ていきます。

① **仮説検証**：データを見る前に、想定される現状や行った施策の結果について仮説を立て、データを使って検証を行います。
② **問題発見**：検証結果以外にも、新たな気付きがあるはずです。そこから、さらに問題となっている部分を探り出します。
③ **対策立案**：問題に対する解決策を立案する際、その施策の歩留まりや、実現可能性をシミュレーションします。

単に数字をレポーティングするだけでは、「データの羅列」に過ぎません。事業の成果につなげる行動を促すためには、データを見る前のしっかりとした仮説立てと検証が必要です。そして、行動の結果も観測し、改善していくことがウェブ解析の基本的な手法です。

問1-10の解答：4

事例は、成功した場合だけではなく、期待どおりにならなかった結果から得られた気付きも重要な情報です。たとえ失敗であっても、同じ失敗を繰り返さないための学びとなります。

そのために大切なのは、「**成功・失敗を問わず、取り組んだ施策を共有する**」ことです。「事例の保存」と「施策を共有する場を設ける」ことを組織内で心がけてみてください。例えば、施策ごとに1つのExcelファイルで「実施した目的」「実施した内容」「スクリーンショット」「得られた結果」「そこからの気付き」などをまとめます。また、月1回、取り組んだ施策例を各担当者に発表してもらうといったことを定例化します。

問1-11

ある法律についての説明として、正しいものを選びなさい。

他人のパソコンを無断で操作したり、侵入したりすることを防止するための法律

1. 不正アクセス禁止法
2. 不正競争防止法
3. 個人情報保護法
4. 著作権

Reference　公式テキスト参照ページ

1-2-4　ウェブ解析士の行動規範と法律 ………… p.015

問1-12

ビューアブルインプレッションに関する市場動向の説明として、誤っているものを選びなさい。

1. 米国の業界団体は、「広告の50%以上の面積が画面に1秒以上露出するインプレッション」と定義している。
2. 表示回数やクリック数では不正に気づかないため、コンバージョンのみをKPIとして管理する。
3. 正常な広告配信において、有効とはいえないトラフィックを「Invalid Traffic」と呼ぶ。
4. Googleは、2015年9月にビューアビリティを保証する仕組みに移行している。

Reference　公式テキスト参照ページ

1-2-5　ウェブ解析士が守るべきモラル ………… p.019

問1-11の解答：1

1. **不正アクセス禁止法**：他人のパソコンを無断で操作したり、侵入したりすることを防止するための法律です。
2. **不正競争防止法**：営業や競争の公正を確保するために制定されている法律です。
3. **個人情報保護法**：プライバシーなどの重要な人権を侵害することを防ぐため、個人情報の適切な取り扱いを定めた法律です。
4. **著作権**：画像、文章、動画、音楽などのコンテンツに対する、複製権やインターネットへのアップロード権（公衆送信権）など、さまざまな権利のことです。

これら以外でも、ウェブ解析士として知っておくべき法律について、基本的な内容と目的を理解しておいてください。また、GDPR対応など、日本のみならず、海外の法律や規則にも配慮しなければならないことがあります。GDPRに関しては、公式テキストの「1-2-6　ウェブサイトのリスク管理」の「ウェブサイトのプライバシーポリシーとGDPR対応」（p.026）を参照してください。

問1-12の解答：2

広告効果測定では、コンバージョンをKPIとして重視することが多いのですが、「KPI＝成果・獲得」といったことだけに注視しすぎると、意図していないターゲットや配信場所で広告が消化されていることに気付かない可能性があります。そのため、表示回数やクリック数といった中間指標も把握し、不自然な数字ではないことを確認しておきます。

Column

LTV（Life Time Value）

広告効果の測定には、「LTV（Life Time Value）」も視野に入れておきましょう。LTVとは、1人の顧客が取り引き開始から完了までにサービスや商品購入でもたらす利益のことです。例えば、一度申し込んでもらえれば何年間も手数料を得られるような保険やクレジットカードなどのジャンルが該当します。そのほかには、愛着を持って長期間使ってもらえるようなジャンルもLTVが大きくなります。このようなジャンルは、リスティング広告だけでなく、アフィリエイト広告の出稿も検討しましょう。

問1-13

次に示したウェブマーケティング手法に関連した文章で、空欄に入る言葉として、正しいものを選びなさい。

企業によって捏造されたクチコミ情報を利用者の声と装ってクチコミマーケティングに用いるケースを（A）と呼ぶ。

1. アドフラウド
2. ステルスマーケティング
3. サジェスト（お勧め）
4. ネイティブアド

Reference　公式テキスト参照ページ

1-2-5　ウェブ解析士が守るべきモラル …… p.019
6-2-1　コンテンツの重要性と広告活用 …… p.258

Column

ウェブ解析士の本質とは

ウェブ解析士として、最も大事なのは「人を思い、課題を解決する」ことです。私たちが扱うデータの1つひとつは、ユーザー1人ひとりの行動です。ユーザーの行動を知り、思いや悩みを想像し、課題の解決に導き続けることがウェブ解析士の仕事であると考えます。

ただし、課題解決の主役は、私たちウェブ解析士ではなく、現場の個人です。あなたが関わる現場のみなさんが、人を思い、課題を解決する主役になるように行動しなければなりません。

私たちウェブ解析士の仕事は、クライアントや自社の事業に関わる方々が活躍するための数字やヒントを出す、裏方だと考えてください。そして、現場のみなさんの行動を促すことこそが本質です。データをもとに、人を思い、課題を解決する組織が増えることで、社会はもっとよくなると信じています。

問1-13の解答：2

ステルスマーケティングとは、企業によって捏造されたクチコミ情報を、利用者の声と装って宣伝することをいいます。

その他の用語の意味は、次のとおりです。

1. **アドフラウド**：広告詐欺のことで、メディアやプラットフォームなどに出稿している広告が、広告主にとって望ましい成果につながらない詐欺的な消化が行われ、成約件数や効果を不正に水増しされることです。
3. **サジェスト（お勧め）**：検索エンジンにおける予測表示のことで、検索キーワードを入力した際、それと一緒に検索される可能性が高いキーワードが自動的に表示される機能です。
4. **ネイティブアド**：記事内広告のことで、「ネイティブ広告」と呼ばれることもあります。ユーザーの関心に近しい記事を広告として配信する広告枠です。通常の記事と同じ見た目で表示されることが多いため、コンテンツとして認識されます。それゆえ悪用されることも増えてきたため、一般社団法人日本インタラクティブ広告協会が「ネイティブ広告に関する推奨規定」を発表しています（https://www.jiaa.org/gdl_siryo/gdl/native/）。

サジェストやネイティブアドは、それ単体に問題があるわけではありません。しかし、意図的にサジェスト内容を改竄するような行為や、コンテンツを装って消費者を欺くような広告の配信は、ウェブ解析士として取り扱うべきではありません。

問1-14

ITPの説明として、正しいものを選びなさい。

1. 中国国内から発信するすべてのウェブサーバーに義務付けられている登録制度
2. Appleが提供するウェブブラウザー Safariに実装された、Cookieなどの有効期限を制限する機能
3. インターネットを含む多くのコンピュータネットワークにおいて、標準的に利用されている通信プロトコルのセット
4. ウェブブラウザーがウェブサーバーと通信する際に主として使用する通信プロトコル

Reference　公式テキスト参照ページ

1-2-6　ウェブサイトのリスク管理 …… p.023

インフォメーション

ウェブ解析は、さまざまな分野にまたがっているため、多数の用語が使われます。インターネットやビジネスの用語は英語が多く、そして略称で使われます。重要な用語は、しっかりと理解しておかなければなりませんが、それ以外の用語であっても、頻出するものに関しては「技術用語やビジネス用語など、どの分野の用語であるのか」「どのくらいの重要性があるのか」などは把握しておきましょう。
また、常に新しい用語が使われるので、日ごろから情報収集を行って、知らないものについては調べておくことを習慣付けておきましょう。

問1-14の解答：2

ITPは、「Intelligent Tracking Prevention」の略で、Appleが提供するウェブブラウザーのSafariに実装された、サイトトラッキングを防止するプライバシー保護機能です。ITPは随時規格が更新され、データ収集できる環境は厳しくなる傾向にあるため、最新情報をチェックしてください。ITPは、2019年12月10日に発表された「iOS 13.3」「iPadOS 13.3」に合わせてアップデートされています。

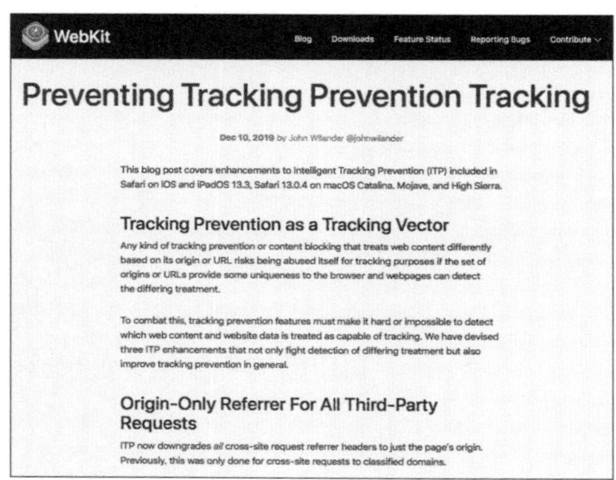

●アップデートされたITPの解説
https://webkit.org/blog/9661/

また、それ以外の選択肢は、次の用語を指しています。

1. 「**ICP登録**」のことです。中国では「ICPを取得していなければウェブサイト開設はできない」というルールなので、必ず行わなければなりません。中国国外の企業の場合は、中国にある法人が登録する必要があります。
3. 「**TCP/IP**（Transmission Control Protocol/Internet Protocol）」のことです。「インターネット・プロトコル・スイート」とも呼ばれ、複数の階層で構成されています。異なる機器や異なるシステムであっても接続・通信できるのは、あらゆるデバイスが、このプロトコルに準拠しているためです。
4. 「**HTTP**（**Hypertext Transfer Protocol**）」のことです。もともとはHTMLなどのテキストで記述されたコンテンツの送受信に用いられていましたが、画像や音声などのバイナリデータの転送もできるように拡張されてきました。現在では、通信を暗号化してセキュリティを確保した「**HTTPS**」が使われることが増えています。

問1-15

次に示した文章の空欄に入る言葉として、正しいものを選びなさい。

(A)には、1回のアクセスについて1行、アクセスの順に情報が記録される。もともとはサーバーの負荷やシステムのエラーがあったときにユーザーやサーバーの履歴を残し、原因を確認するために使われていたものである。解析ツールなどで加工されていない状態のデータということから、このように呼ばれる。

1. ウェブブラウザー
2. リクエスト
3. レスポンス
4. ローデータ

Reference 公式テキスト参照ページ

1-3-2 アクセス解析のローデータ …… p.029

ヒント

アクセスログやステータスコードに関する問題は、よく試験に出されます。アクセスログの読み方や各ステータスコードの概要などは、しっかりと理解して覚えておきましょう。

問1-15の解答：4

「アクセスログ」とは、ユーザーがウェブページを閲覧するための「ウェブブラウザー」を通じて送信した「リクエスト」に対し、サーバーからの返答である「レスポンス」を記録したものです。アクセスログファイルは、解析ツールなどで加工されていない状態のデータということから「ローデータ（Raw Data）」とも呼ばれます。

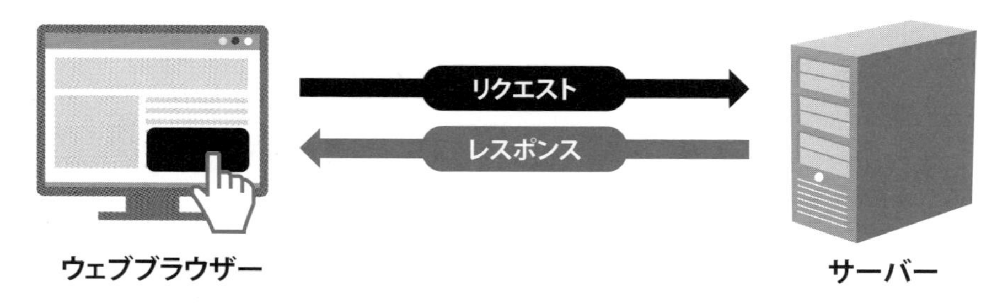

● ウェブページが表示される仕組み

このアクセスログを使ってユーザーの流入元やコンテンツの閲覧状況を解析することから「アクセスログ解析」が始まりました。アクセスログに記載されている内容が、解析のベースとなっているということです。

サーバー管理者でないと見る機会は少ないかもしれませんが、その仕組や内容については理解しておくようにしましょう。

インフォメーション

「ローデータ」は、英語では「Raw Data」と表記し、「Raw」とは「生の」「加工していない」を意味しています。したがって、「ローデータ」は「生データ」「素データ」と呼ばれることもあります。

問1-16

次の空欄に入る言葉として、正しいものを選びなさい。

(A)とは、リクエストに対して、ウェブサーバーが(B)を返した際の「(B)の状況」を表現する(C)からなるコードです。

1. (A)タグ (B)Cookie (C)2進数の機械語
2. (A)サードパーティ Cookie (B)レスポンス (C)256文字
3. (A)パラメーター (B)Cookie (C)？変数名＝値
4. (A)ステータスコード (B)レスポンス (C)3桁の数字

Reference 公式テキスト参照ページ

1-3-3 ログフォーマットの種類 …… p.029

問1-17

ステータスコードについて、正しい答えの組み合わせを選びなさい。

(A)301：コンテンツは恒久的に別のURLに移動した
(B)403：コンテンツへのアクセスは禁止されている
(C)500：サーバー内でエラーが発生した

1. (A)と(C) **2.** (B)と(C) **3.** (A)のみ **4.** すべて正しい

Reference 公式テキスト参照ページ

1-3-3 ログフォーマットの種類 …… p.029

問1-16の解答：4

ステータスコードは、サーバーのレスポンス内容を3桁の数字で表したものです。「ページが見つかりません」とウェブブラウザーに表示された際に、「404 not found」のような表記を見たことがあるでしょう。この「404」がステータスコードです。

普段、気にすることはそれほど多くはないかもしれませんが、検索エンジン対策などでは重要な項目となるので、理解しておいてください。

IPアドレス　認証ID　転送日時　メソッド　リクエストされたファイル名　プロトコル　**ステータスコード**　転送容量

214.154.136.134 - 1156281 [05/Oct/2006:08:07:22+0900] "GET /product/index.htm HTTP/1.1" 200 12455

リファラー

"http://www.google.co.jp/search? sourceid=navclient&hl=ja&ie=UTF-8 &rls=GGLJ,GGLJ:2006-26,GGLJ:ja &q=%e3%83%ad%e3%82%b0"

ユーザーエージェント

"Mozilla/4.0(compatible;MSIE 6.0; Windows NT 5.1)" "-"

● アクセスログのログフォーマット

問1-17の解答：4

ステータスコードについて、特に次の表の内容は理解しておきましょう。

● 主なステータスコード

ステータスコード	内容	詳細
200	OK	リクエストは正常に受け付けられた
301	Moved Permanently	リクエストされたコンテンツは恒久的に別のURLに移動した
403	Forbidden	リクエストされたコンテンツへのアクセスは禁止されている
404	Not Found	リクエストされたコンテンツは存在しない
500	Internal Server Error	サーバー内でエラーが発生した（動的コンテンツが正常に動かない場合が多い）

問1-18

ウェブ解析の4つの視点の説明として、誤っているものを選びなさい。

1. ディメンションとメトリクスを組み合わせて基本的な分析を行うが、すべてが組み合わせ可能ではない
2. フィルタは、特定の条件に合致するデータを含めたり、除外したりして集計するための機能である
3. 「○○ごとに」「○○別に」と区分できるものがメトリクス、合計や平均などの数値的意味があるものがディメンションである
4. セグメントは、ユーザーやセッションを特定の条件で絞り込む機能である

Reference　公式テキスト参照ページ

1-3-4　4つの視点——ディメンション・メトリクス・フィルタ・セグメント ····· p.032

問1-19

「離脱」に関連した説明のうち、正しいものを選びなさい。

1. 離脱率＝（離脱したセッション数÷サイト全体のセッション数）×100
2. 離脱率は100%を超えることもある
3. 直帰は離脱に含まれない
4. ウェブブラウザーを閉じるなど、セッションが切れる行動を指す

Reference　公式テキスト参照ページ

1-3-5　オウンドメディアに関する指標 ······························ p.038

問1-18の解答：3

- 「**ディメンション**」は、「○○ごと」や「○○別」でデータを集計する際の、数字的意味を持たない項目を指します。
- 「**メトリクス**」は、合計や平均、割合などの数字的意味を持つ指標を指します。
- 「**セグメント**」は、ユーザーやセッションを特定の条件で絞り込む機能です。
- 「**フィルタ**」は、特定の条件に合致するディメンションやメトリクスを絞り込む機能です。

ディメンションとメトリクスを組み合わせてデータを集計し、セグメントやフィルタを駆使して必要なデータを抽出し、比較することで解析を行います。

問1-19の解答：4

1. 離脱率の算出式は、「（離脱したページビュー数÷ページビュー数）×100」です。
2. 離脱率は、該当ページのページビュー数を分母に、そのページから離脱したページビュー数を分子にとるため、100%を超えることはありません。
3. 直帰は離脱に含まれます。

「離脱」には、満足してサイトから退出する場合と、目的を達成できず、迷いや魅力がないなどの理由で退出する場合の2つのパターンがあります。前者は問題ありませんが、後者は改善の対象となります。

インフォメーション

「離脱」と「直帰」の関係、「離脱率」と「直帰率」の計算式の違いについては、しっかりと理解しておきましょう。p.032のコラムも参照してください。

問1-20

直帰率の計算方法について、(A)に当てはまる適切なものを選びなさい。なお、直帰数とは、「1ページだけ閲覧して帰ってしまったセッション数」のことです。

直帰率＝(直帰数÷(A))×100

1. 滞在時間
2. セッション数
3. 遷移数
4. ページビュー数

Reference 公式テキスト参照ページ

1-3-5　オウンドメディアに関する指標 …… p.038

問1-21

直帰数と離脱数の関係として、正しいものを選びなさい。

1. 直帰数＜離脱数
2. 直帰数≦離脱数
3. 直帰数＞離脱数
4. 直帰数≧離脱数

Reference 公式テキスト参照ページ

1-3-5　オウンドメディアに関する指標 …… p.038

問1-20の解答：2

直帰率は、セッションをベースとした指標です。対象ページを閲覧開始ページとしたセッション数を分母に、そのページだけを閲覧して帰ってしまったセッション数を分子にとって計算されます。

対照的に、**離脱率**は、ページビューをベースとした指標です。離脱と直帰は同じ退出であるものの、その意味と計算方法は大きく異なることに注意してください。

Column

直帰率と離脱率の対象は、なぜ違う？

直帰率の計算に用いるのはセッション数ですが、離脱率はPV数です。これは、離脱率をセッション数で計算すると100%を超えてしまうからといわれています。例えば、「ページA →ページB→ページA →離脱」と遷移した場合、セッション数は1で、ページAのPV 数は2です。つまり、ページAのPV数を分母で計算すると離脱率50%ですが、セッション数を分母で計算すると離脱率100%になってしまいます。

問1-21の解答：2

離脱には、**直帰**が含まれます。したがって、離脱数と直帰数が等しくなることはあっても、直帰数が離脱数を超えることはありません。

同様に、ユーザーやセッション、ページビューにも不等号の関係が成り立ちます。これらを理解しておくと、データを見ただけで、その計測環境が正しいかどうかの判断ができるようになります。

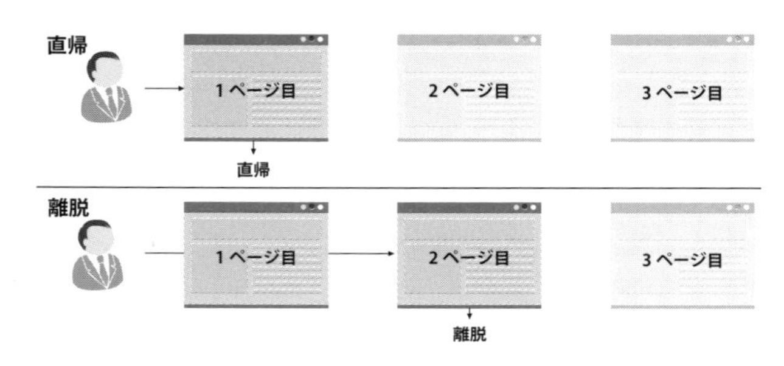

● 直帰と離脱の違い

問1-22

次に示した数式より、誤っているものを選びなさい。

1. CPC＝(広告掲載費用÷クリック数)×100
2. CTR＝(広告がクリックされた回数÷広告が表示された回数)×100
3. CPA＝広告掲載費用÷コンバージョン数
4. CPM＝(広告掲載費用÷インプレッション数)×1,000

Reference　公式テキスト参照ページ

1-3-6　広告に関する指標 ………… p.044

ヒント

略称であるため、似たような用語が並んでいますが、正式名称を覚えていれば、それほど難しくはありません。

問1-23

次に示した数字は、ある広告キャンペーンの結果である。最も単価効率よくサイト誘導ができているものを選びなさい。

1. クリック数10,000件、申込み獲得件数300件、売上800,000円、広告費400,000円
2. クリック数40,000件、申込み獲得件数400件、売上700,000円、広告費400,000円
3. クリック数100,000件、申込み獲得件数500件、売上900,000円、広告費800,000円
4. クリック数80,000件、申込み獲得件数600件、売上1,000,000円、広告費800,000円

Reference　公式テキスト参照ページ

1-3-6　広告に関する指標 ………… p.044

問1-22の解答：1

1. 「**CPC**（**Cost Per Click**）」はクリック単価のことで、広告掲載費用をクリック数で割って求めます。単位は、円やドルなどの通貨になります。
2. 「**CTR**（**Click Through Rate**）はクリック率のことで、広告がクリックされた回数を広告の表示回数で割り、100をかけて求めます。単位は、％です。
3. 「**CPA**（**Cost Per Acquisition**）」は顧客獲得単価のことで、広告掲載費用をコンバージョン数で割って求めます。単位は、円やドルなどの通貨になります。
4. 「**CPM**（**Cost Per Mille**）」は1,000回表示あたりの広告料金のことで、広告掲載費用をインプレッション数で割り、1,000をかけて求めます。単位は円やドルなどの通貨になります。

アルファベット3文字の略語は、ウェブマーケティングの特徴の1つです。正式な名称を覚えることが、間違いをなくす最短の方法です。

問1-23の解答：3

「最も単価効率がよくサイト誘導ができている」ことを判断する指標は、「クリック単価」（CPC）です。各キャンペーンのクリック単価は、次のようになります。

1. 400,000円÷ 10,000回＝40円
2. 400,000円÷ 40,000回＝10円
3. 800,000円÷100,000回＝ 8円
4. 800,000円÷ 80,000回＝10円

この結果から、クリック単価が最も低いのは、**3.**の8円ということがわかります。

問1-24

広告に関する指標の説明として、誤っているものを選びなさい。

1. ROASが100%以下であった場合、広告費が売上よりも多かったことを意味する。
2. ROASは、数式上は「サービス単価÷CPA」として算出できる場合もある。
3. ROIは、マイナスになることもあり、投資に対して損失があることを意味する。
4. ROIの「Investment」（投資）には、原価や人件費が含まれる。

Reference　公式テキスト参照ページ

1-3-6　広告に関する指標 …… p.044

ヒント

「ROAS」「ROI」の正式名称と計算式を覚えておきましょう。

問1-25

ビジネスに関する指標の説明として、誤っているものを選びなさい。

1. 広告費は販売促進のために掛けた広告費であり、アフィリエイトなどの特殊なケースを除き、変動費に計上する。
2. 売上は「客単価 × 購買件数」などに分解することができる。
3. 固定費は商品の販売数にかかわらず定期的にかかる費用であり、人件費、家賃、システム費用などが含まれる。
4. 一般的には、利益（営業利益）は粗利（限界利益）から固定費を差し引いた金額であり、これに営業外収支が加わり、経常利益となる。

Reference　公式テキスト参照ページ

1-3-8　ビジネスに関する指標 …… p.048

問1-24の解答：4

「**ROAS（Return On Advertising Spend）**」は、広告の費用対効果を表す指標の1つで、「広告出稿によって、どれだけ売上が伸びたのか」を表します。「（売上÷広告費）×100」で算出し、100%を下回った場合は、売上によって広告費用をまかなえなかったことになります。なお、単一の商品やサービスの場合は、単価をCPA（Cost Per Acquisition）で割ることでも求められます。

「**ROI（Return On Investment）**」は、投資収益率のことで、広告などに投下したコスト（投資）に対して、得られた効果（利益）の割合を示します。「（利益÷費用）×100」で算出しますが、利益が出ていない（赤字）場合は、当然、この指標もマイナスとなります。例えば、検索連動型広告のキーワードごとにROIを算出すると、どのキーワードがどれだけの利益につながったかを測定できます。なお、ROIの「Investment」（投資）は、定義によって変わってくるもので、広告の場合には「広告費用」であることが一般的ですが、財務では「原価」「人件費」などを含むこともあります。

問1-25の解答：1

変動費は商品の販売数に応じてかかる費用です。広告費は、販売数にかかわらず定期的に必要となる費用なので、固定費に計上することが一般的です。

インフォメーション

固定費と変動費の違いをしっかりと理解しておきましょう。売上金額や注文数などに連動して金額が「変動する」のが「**変動費**」です。

第2章
環境分析とKPI

本章の範囲からは、ウェブ解析を行う前に必要となる、ビジネス分析と事業の目標や計画の数値設定について出題されます。

問2-1

次の文章の空欄に入る語句として、正しいものを選びなさい。

フレームワークを使うことで、(A)できる。また、ウェブ解析士として「クライアントの(B)なしにプロジェクトは成功しない」ということを忘れてはならない。フレームワークは、クライアントとの(C)として役立つとともに、事象を整理し、ウェブ解析士ならではの(D)を生み出すことに価値がある。

1. (A)論理的に分析　(B)協力　(C)共通言語　(D)解釈
2. (A)全体像を把握　(B)助言　(C)連絡手段　(D)言動
3. (A)心理的に分析　(B)協力　(C)共通言語　(D)態度
4. (A)現状を把握　(B)助言　(C)連絡手段　(D)解釈

Reference　公式テキスト参照ページ

2-1-1　ビジネスフレームワーク …… p.052

インフォメーション

ビジネスフレームワークを使いこなすには、とにかく身の回りのことをビジネスフレームワークで整理するのがお勧めです。仕事のみならず、毎日のニュースや顧客のビジネスなどをフレームワークに落とし込み、練習してみましょう。

第2章

問2-1の解答：1

フレームワークとは、**現状分析と戦略立案のために用いられる「思考の枠組み」**のことです。

考えるべきことを整理し、効率的な戦略立案が可能になるだけではなく、関係者との共通言語となります。また、クライアントの協力を得ながら、勝てる市場を見つけることが、ウェブ解析士としての価値を生み出すことにつながります。

Column

あなたの価値を最大化させるフレームワークの本当の使い方

ビジネスフレームワークは、枠組みや構造という意味で、ビジネスにおいての多くの情報や状況、状態を整理するための「枠組み」です。例えば、「これからの戦略策定のために事業分析を行う」場合、財務、顧客、マーケティング、従業員、あるいは、競合他社の動向など、多種多様な視点が存在しています。その際に、フレームワークを利用することで、構造化できます。ここでは、公式テキストでも紹介している「**3C分析**」を簡単に紹介しましょう。3C分析では、顧客、競合、自社の3つの視点から、次のような分析を行います。

- **顧客**：市場規模、市場の成長性や収益構造、ユーザーの属性・ニーズ・関心・行動
- **競合**：規模、成長性、コスト構造、バリューチェーンなど
- **自社**：コスト構造、バリューチェーンなどの強みや弱み

さて、3C分析で、現在起きている事象が整理できたら、そこから「何がいえるのか？」という、あなたなりの解釈、メッセージが重要になります。3C分析では、「市場に規模と成長性と収益性があって、ユーザーのニーズがあって、他社が真似できないことで、自社の強みが活かせること、ここにマーケットがあるはずだ、作れるはずだ」という思考法で、解釈やメッセージを生み出します。

フレームワークは事象の整理にはとても便利ですが、整理だけにとどまらず、必ずあなた自身の解釈やメッセージを生み出すことを行ってください、それが、あなたの価値を最大化させるフレームワークの本当の使い方です。

第2章

問2-2

次の文章の空欄に入る語句として、正しいものを選びなさい。

対象事業の特定は、事業の存在理由である(A)や、商品やサービスを通じて得られる(B)を表現したマーケティングゴールを決めることから始める。その上で、提供する(C)を明確にし、対象となる(D)を明確にする。

1. (A)ミッション　(B)顧客体験　(C)ウェブサイト　(D)ユーザー
2. (A)ビジョン　(B)顧客満足　(C)商品・サービス　(D)顧客
3. (A)ミッション　(B)顧客満足　(C)顧客体験　(D)ユーザー
4. (A)ミッション　(B)顧客体験　(C)商品・サービス　(D)顧客

Reference　公式テキスト参照ページ

2-1-2　対象事業の特定 …… p.053

問2-3

PEST分析に関する説明について、正しいものを選びなさい。

1. 消費税増税は、経済的要因として整理される。
2. 高齢化は、社会的要因として整理される。
3. 新技術の特許は、政治的要因として整理される。
4. すべて誤っている。

Reference　公式テキスト参照ページ

2-1-3　外部環境分析 …… p.053

問2-2の解答：4

環境分析の対象となる事業の領域を特定するには、次の3つの視点で行います。

●**ミッション、マーケティングゴールは何か？**

ミッションとは、事業が存在する理由であり、お客さまから選ばれる理由であり、事業活動においての判断軸となるものです。マーケティングゴールは、売上や利益だけではなく、事業がお客さまから選ばれ、商品やサービスを通じ、得られる顧客満足・顧客体験を表現するものです。

●**提供する商品・サービスは何か？**

自社は、どのような商品・サービスを通じて、顧客満足・顧客体験を提供するのかを明確にします。

●**対象顧客は誰か？**

自社の商品・サービスの対象となる顧客を明確にします。詳細は、公式テキストの「2-1-5　ユーザー分析」（p.056）などで解説しています。

問2-3の解答：2

PEST分析において、人口動態や生活者のライフスタイルの変化は「**社会的要因**（Society）」として整理されます。**1.**と**3.**については、それぞれ、次のように整理されます。

- 法規制や税制：**政治的要因**（Politics）
- 特許や新技術開発：**技術的要因**（Technology）

これ以外に、景気や為替などによる「**経済的要因**（Economy）」があり、これらの頭文字をとって「PEST分析」と呼ばれています。

網羅的に行おうとすると膨大な情報量となるため、対象となる事業に深く関係した事象だけにフォーカスして分析を行います。

問2-4

3C分析に関する記述として、正しいものを選びなさい。

1. 最初に自社を分析してしまうと、自分の会社基準で顧客調査や競合調査を行ってしまうので、まずは顧客を分析するのがよい。
2. 顧客は、年齢、住まい、年収などのデモグラフィック情報のみで分析する。
3. 顧客と競合を分析した結果、自社ができていないことは今すぐに着手する。
4. 競合の分析は、直接的な市場の競合のみを対象とする。

Reference　公式テキスト参照ページ

2-1-4　事業分析 …… p.055

問2-5

次に示した文章で、正しい記述の組み合わせを選びなさい。

(A) 環境分析は、目的を持って、PEST分析、5フォース分析、3C分析を使用する。
(B) 事業分析は、目的によって、フレームワークを使い分けることが必要である。
(C) 3C分析は、顧客、競合、自社の順番で行う。

1. (A)
2. (A)と(C)
3. (B)と(C)
4. すべて正しい

Reference　公式テキスト参照ページ

2-1-3　外部環境分析 …… p.053
2-1-4　事業分析 …… p.055

問2-4の解答：1

3C分析では、最初に自社を対象にすると、それを基準として顧客調査や競合調査を行ってしまうので、まずは顧客から分析を行います。

2. 顧客は、住所や年齢、年収などの「デモグラフィック情報」と、どのような状況や心理で行動するかといった「サイコグラフィック情報」を合わせて分析します。
3. 自社の強みや独自性なども鑑みた上で、とるべき戦略を選択します。
4. 競合分析では、直接競合だけではなく、間接競合も分析します。ただし、競合は捉え方によって対象が変わってきます。

インフォメーション

「3C」とは、分析の際に注目する「顧客(Customer)」「競合(Competitor)」「自社(Corporation)」という3つの要素の頭文字です。

問2-5の解答：4

外部環境分析とは、業界の外から事業へ影響を及ぼす、自社ではコントロールできない要因について分析を行うことです。また、**事業分析**は、市場や競合の状況から、自社の具体的な事業を分析することをいいます。

ビジネスフレームワークは、「このフレームワークを使わなければならない」といった決まりはありません。どんな結果を得たいかによって使い分けが必要です。

3C分析は、顧客、競合、自社の順で行います。マーケティングで成功するには、買い手である「顧客目線」になれるかが重要なので、まずは顧客のニーズやウォンツを分析し、次に競合の活動を分析し、その上で自社のマーケティング活動を分析するという流れです。

問2-6

「カスタマージャーニーマップ」に関する記述について、正しいものを選びなさい。

1. 顧客視点の理解や関係者間の認識整理に有効なフレームワークである。
2. 理想のユーザー像を設定するフレームワークである。
3. オンラインのみの観点で、ユーザーの行動を分析するフレームワークである。
4. 「顧客の理解」や「関係者の認識整理」には有効とはいえないフレームワークである。

Reference　公式テキスト参照ページ

2-1-5　ユーザー分析 …… p.057

インフォメーション

カスタマージャーニーマップの作成のためには、「ペルソナ分析」が必要になります。

問2-7

「観察に基づく調査」に関する記述として、正しいもの選びなさい。

1. 観察に基づく調査は、改善施策を導き出すことを目的に行う。
2. エスノグラフィック調査は、仮説検証のために被験者の生活に入り込み、生活全般を調査対象とする。
3. 観察に基づく調査は、アクセス解析の仮説設定をもとに行う。
4. ユーザビリティテストは、ユーザーにタスクを提示し、達成したか、スムーズにできたか、気持ちよくできたかなどを調査する。

Reference　公式テキスト参照ページ

2-1-5　ユーザー分析 …… p.058

問2-6の解答：1

1. **カスタマージャーニーマップ**は、顧客（カスタマー）の行動を旅（ジャーニー）に見立てたフレームワークのことで、顧客が商品やサービスを認知し、興味を持ち、購入・申し込みに到達するまでの行動をフェーズごとに分析します。これにより、顧客視点の理解を深め、フェーズごとの施策を整理できます。
2. 理想のユーザー像を設定することを**ペルソナ分析**といいます。カスタマージャーニーマップのもととなる人物像の整理に用いられます。ペルソナを設計することで、関係者とのターゲットに対する認識整理ができます。
3. **カスタマージャーニーマップ**は、オンラインだけでなくオフラインにおける**ペルソナ**の心理や行動も把握します。
4. 1.～3.の理由から、**カスタマージャーニーマップ**は顧客視点や認識整理に有効なフレームワークといえます。

問2-7の解答：4

「**観察に基づく調査**」とは、それぞれの行動や言動、非言語的な行為とほかの物事との関係を踏まえて「観察する」ことで、顧客を理解するものです。

エスノグラフィック調査とは、被験者の行動様式を観察・記述しながら、ターゲットを理解するために用いられる調査手法です。また、**ユーザビリティテスト**は、ユーザーにタスクを提示し、「達成できたか」「スムーズにできたか」「気持ちよくできたか」などを分析する調査方法です。

1. これらの**観察に基づく調査**は、直接的な改善施策の発見よりも、新たな気付きの発見のために行われます。
2. **エスノグラフィック調査**は、仮説を持たずに被験者の生活に入り込みます。
3. **観察に基づく調査**は、ターゲットを理解するためのものであり、オンラインの行動を検証するものではありません。

問2-8

SWOT分析のそれぞれの意味として、正しい組み合わせを選びなさい。

1. S：機会　W：脅威　O：強み　T：弱み
2. S：弱み　W：強み　O：機会　T：脅威
3. S：強み　W：弱み　O：機会　T：脅威
4. S：強み　W：弱み　O：脅威　T：機会

Reference　公式テキスト参照ページ

2-1-6　市場機会の発見 ………… p.059

問2-9

次の文章の空欄に入る語句として、正しい組み合わせを選びなさい。

ポジショニングとは、競合と事業の製品・サービスを、明確な(A)で、ユーザーに(B)を持ってもらうことで、目的は、(C)と(D)である。

1. (A)判断軸　(B)イメージ　(C)差別化　(D)学習
2. (A)判断軸　(B)認識　(C)差別化　(D)優位性
3. (A)差別化　(B)イメージ　(C)判断軸　(D)学習
4. (A)差別化　(B)認識　(C)判断軸　(D)優位性

Reference　公式テキスト参照ページ

2-1-7　ポジショニング ………… p.060

第2章

問2-8の解答：3

SWOT分析は、「強み（**Strengths**）」「弱み（**Weaknesses**）」「機会（**Opportunities**）」「脅威（**Threats**）」の頭文字をとった名称で、外部要因と内部要因を整理します。

Column

SWOT分析以外の環境分析

SWOT分析と同様の環境分析として、「5フォース分析（5 Forces analysis）」も有名です。SWOT分析が主に自社を中心とした内部外部環境を分析するのに対して、5フォース分析は自社も含めた業界を中心にしたもっと広い環境を分析するために用います。業界において重要な役割を果たす業界や企業を明らかにします。

問2-9の解答：1

ポジショニングとは、他社との差別化ポイントをユーザーに認知・学習させることで、そのために明確な判断軸でユーザーにイメージしてもらう必要があります。

ポジショニングには、現状の分析の目的と、これからの製品・サービスをコンセプトに落として展開していくという目的がありますが、大切なのは**ユーザーが重視する判断軸でニーズとされる部分を差別化する**ことです。

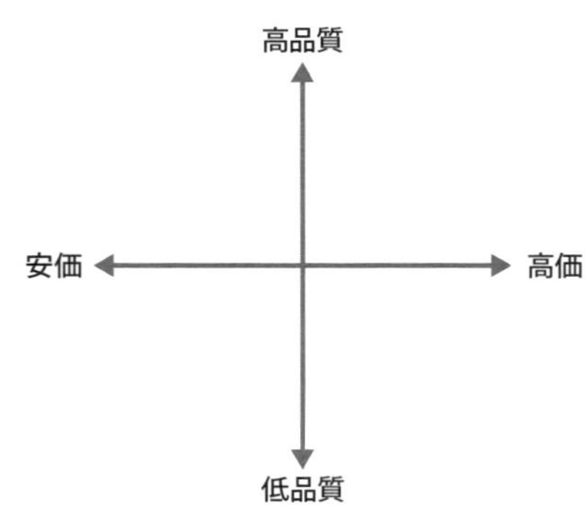

●2次元ポジショニングマップの例

問2-10

「4C分析」に関する記述として、正しいものを選びなさい。

1. ユーザーが得る価値は、金銭に限らず、時間的、心理的コストが含まれる。
2. ユーザーにとっての利便性は、コストに対して得られるバリューが高いか低いかで判断する。
3. ユーザーとのコミュニケーションは、日頃のユーザーの接点を分析し、事業とのタッチポイント機会を見つける。
4. ユーザーが負担するコストは、製品やサービスの購入や使いやすさが含まれる。

Reference　公式テキスト参照ページ

2-1-8　マーケティングミックス ………… p.061

問2-11

ビジネスモデルキャンバス(BMC)に関して、正しい説明を選びなさい。

1. 政治的要因、経済的要因、社会的要因、技術的要因の4つの項目から外部環境を分析する。
2. 買い手、売り手、競合他社、代替品、新規参入の5つの力の影響関係を分析する。
3. 代替産業、他の戦略グループ、買い手グループ、補完グループ、機能と感性の切り替え、将来性の6つから新たな市場を創造する。
4. 顧客、価値提案、チャネル、顧客との関係、収益の流れ、リソース、主要活動、パートナー、コスト構造の9つのブロックでビジネスの流れを体系的に表現することができる。

Reference　公式テキスト参照ページ

2-1-9　ビジネスモデルキャンバス ………… p.063

問2-10の解答：3

4C分析とは、「ユーザーが得る価値（Customer Value）」「ユーザーの負担コスト（Cost to the Customer）」「ユーザーにとっての利便性（Convenience）」「ユーザーとのコミュニケーション（Communication）」で分析するフレームワークです。

以前は「製品（Product）」「価格（Price）」「流通（Place）」「販売促進（Promotion）」の売り手視線で分析を行う**4P分析**がよく使われていましたが、現在では顧客視点での4C分析が多く用いられています。

つまり、ビジネスフレームワークも、顧客視点が重視されてきているといえるでしょう。

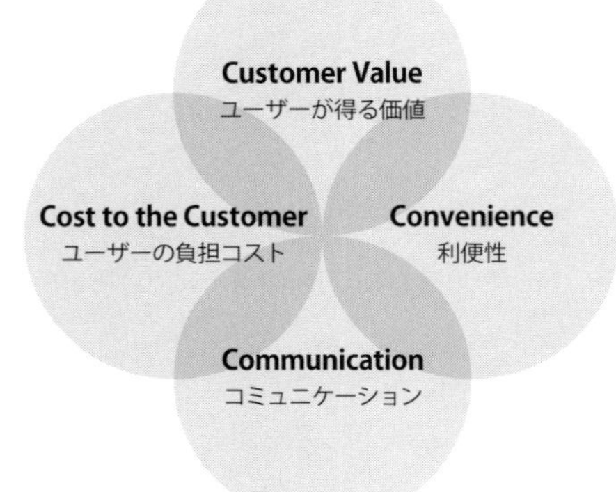

●4C分析

問2-11の解答：4

ビジネスモデルキャンバスは、ビジネスモデルを9つのブロックに分類し、それぞれが相互にどのように関わっているのかを図示したものです。すべての要素が1枚に収まって視覚的にビジネスモデルを把握できることがメリットです。

事業の現状分析から改善点を発見できるだけではなく、新規事業検討や自己のマインド改革にも役立ちます。また、競合のBMCを描くことで、競合の分析も可能です。体系的に表現できるため、組織間での情報共有やお客さまへの提案にも適しています。

なお、**1.**は「PEST分析」、**2.**は「5フォース分析」、**3.**はブルー・オーシャン戦略の「6つの経路（パス）の説明です。

問2-12

次に示したのは、「ブルー・オーシャン戦略」で使われるフレームワークの説明である。空欄に当てはまる名称を選びなさい。

業界におけるすべての競争要因を並べ、自社と競合で買い手にとっての価値の高さ、企業の力の入れ具合を明らかにするチャートが「(A)」である。

1. PMSマップ
2. 買い手の効用マップ
3. 6つの経路(パス)
4. 戦略キャンバス

Reference　　公式テキスト参照ページ

2-1-10　ブルー・オーシャン戦略 …… p.065

インフォメーション

「ブルー・オーシャン戦略」については、次の書籍を参照してください。

・『新版ブルー・オーシャン戦略』(W・チャン・キム、レネ・モボルニュ 著/入山 章栄 監訳/有賀 裕子 訳/ダイヤモンド社/ 2015年/ ISBN978-4-478-06513-6)
・『ブルー・オーシャン・シフト』(W・チャン・キム、レネ・モボルニュ 著/有賀 裕子 訳/ダイヤモンド社/ 2018年/ ISBN978-4-478-10035-6)

問2-12の解答：4

ブルー・オーシャン戦略は、「未開拓のユーザーに新たな価値を提供することで、新しい市場（ブルー・オーシャン）を創造し、利潤の最大化を実現する」というものです。そのために使われるフレームワークがいくつかあるので、正しく理解し、状況に応じて使い分けましょう。

「**戦略キャンバス**」は競争要因を列挙して、自社と競合で買い手にとっての価値の高さや力の入れ具合をチャートで表したものです。うまく差別化できていれば、チャートが重ならずに表されます。

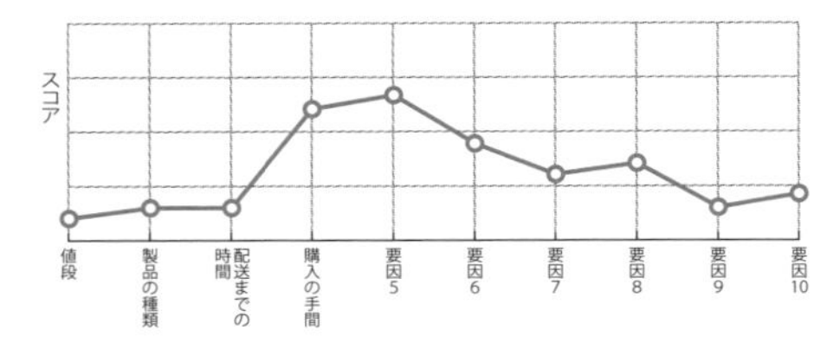

●戦略キャンパス

「**PMSマップ**」は、縦軸に「パイオニア（Pioneer）」「移行者（Migrator）」「安住者（Setter）」を、横軸に「現在」「将来」を取ることで、ブルー・オーシャンを創造できる製品・サービスを絞り込むフレームワークです。

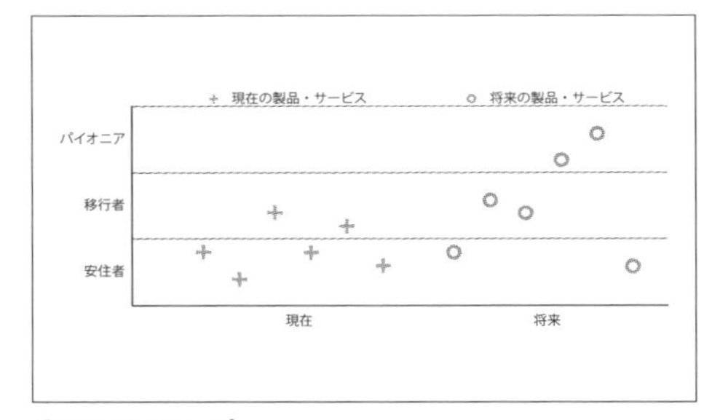

●PMSマップ

「**6つの経路（パス）**」とは、競合がいない市場を、次の6つの思考経路から探すというものです。

1. 代替産業に学ぶ
2. 業界内のほかの戦略グループに学ぶ
3. 買い手グループに目を向ける
4. 補完財や補完サービスを見渡す
5. 機能志向と感性志向を切り替える
6. 将来を見渡す

「**買い手の効用マップ**」は、買い手のステージと効用を生むポイントを掛け合わせて、ブルー・オーシャンを探るフレームワークです。

問2-13

次に示した文章で、正しいものを選びなさい。

1. 過去の実績と比較することは、絶対評価である。
2. 全体のシェアの推移を見る際に、競合と比較することは絶対評価である。
3. 相対評価では、自社が縮小していると、業績が芳しくないといえる。
4. 競合他社とは事業の環境が異なるため、相対評価は用いないほうがよい。

Reference　公式テキスト参照ページ

2-2-1　絶対評価と相対評価 ………… p.069

問2-14

市場トレンドの理解に使えるツールとして、最も適切なものを選びなさい。

1. Google Search Console
2. Google トレンド
3. Pingdom
4. Internet Archive

Reference　公式テキスト参照ページ

2-2-3　ベンチマーキングのための情報ソースとツール ………… p.071

問2-13の解答：1

過去の実績と比較する「**絶対評価**」に対して、競合・代替・異業種などと比較することを「**相対評価**」といいます。

自社の売上が前年と比較して減少していたとしても、競合も減少傾向にあれば、相対評価では「芳しくないとはいえない」と解釈できます。

相対評価には、適切な目標値を立てやすいというメリットもあります。相対評価では「ベンチマーキング」を意識しながら、情報収集や分析を行いましょう。

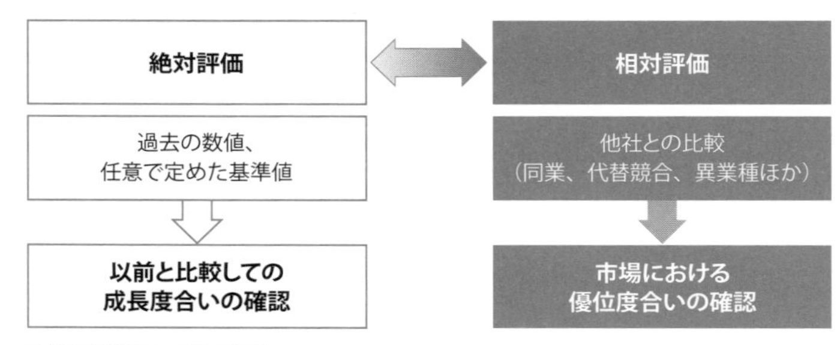

●絶対評価と相対評価

問2-14の解答：2

1. **Google Search Console**は、自社サイトの検索エンジンのインデックスの状況やエラーの場所を発見するために用いられます。
2. **Google トレンド**は、指定した検索ワードが、過去、どれくらい、どの地域から検索されているかを相対的に把握できるツールです。
3. **Pingdom**は、ウェブサイトの表示速度のパフォーマンスを調査してくれるサービスです。応答時間やファイルサイズのほかにも、各ファイルのリクエスト応答速度も細かくレポートしてくれます。
4. **Internet Archive**は、ウェブサイトの履歴をアーカイブして保存しているサービスです。URLを入力すると、更新頻度とその内容を確認できます。

検索動向から市場トレンドを理解できることから、正解は**2.**になります。

問2-15

ミクロ解析の指標として、誤っているものを選びなさい。

1. 広告から流入してきたユーザーがウェブサイトに流入した後の個別の閲覧経路
2. ユーザーの訪問頻度・訪問回数・日時
3. 広告ごとの流入数やコンバージョン数、クリック単価など
4. ウェブサイトを見に来ている企業名や地域名

Reference　公式テキスト参照ページ

2-3-1　マクロ解析とミクロ解析の違い ………… p.081

Column

ミクロ解析のツール

無料のツールでもミクロ解析が可能になってきたものの、できることには制限があるので、ミクロ解析機能に優れた有料解析ツールを導入するのが望ましいでしょう。

代表的なものとしては、次のようなものがあります。

・User Insight：https://ui.userlocal.jp/
・らくらくログ解析：https://www.rakulog.com/

問2-15の解答：3

マクロ解析は、セグメント別に定量データを比較しながら問題を発見する解析です。それに対して、**ミクロ解析**は、1人のターゲットに着目し、IPアドレスや行動履歴から、心理状況を読み取り、満足度を向上させるポイントを発見する解析です。

広告ごとの流入数やコンバージョン数などは、マクロ解析で用いる指標です。

Column

「観察に基づく調査」の実際

アクセス解析では、ユーザーがどんな目的でウェブサイトを訪問し、何を感じ、何を考えて離脱したか、あるいはコンバージョンしたかといった感情や思考まではわかりません。その感情や思考を明らかにするため調査方法として、「アンケート調査」「ヒューリスティック調査」「行動観察調査」などがあります。その中に、手軽にユーザーの行動理由や意識を知るために1対1で行う「ユーザーデプスインタビュー」がありますが、具体的にどのようなインタビュー（質問）をすると効果的かを紹介しておきましょう。

あらかじめ質問内容をリストアップし、その順番通りに質問することもありますが、しばしば尋問のようになってしまいます。相手に気持ちよく話してもらいながら、かつ重要なポイントを押さえた質問を整理しておく考え方として「トピックマップ」を用意しておくとよいでしょう。

例えば、自社のウェブサイトに対する質問で、次のようなことを確認したいとします。

・きっかけ
・いつ
・どこで
・デバイスの種類

この4つを重要なトピックとして質問し、回答に対して掘り下げていくとユーザーの真意がつかみやすくなります。例えば、「ウェブサイトにアクセスしたきっかけは何ですか」への回答に対して、「なるほど、なぜそう感じたのですか」や「それは素晴らしいですね。それによって、どんな気持ちになりましたか」と深く傾聴しながら掘り下げるうちに、ユーザーが本当に求めていたことが理解できるはずです。ユーザーがリラックスしてくると話が脱線してくることもありますが、それも許容しながらトピックを意識して質問すると、設定していた目的も達成できるでしょう。

問2-16

次に示したのは、ミクロ解析を行う際の注意点である。空欄に当てはまる言葉として、正しい組み合わせを選びなさい。

ミクロ解析の1つである「閲覧経路分析」は、深く踏み込めば(A)と関連付けたアクセスログ解析を行うこともできる。しかし、解析ツールのサービス利用規約や、自社のサイトポリシーやプライバシーポリシーなどによっては、(A)と関連付けた分析が禁止されている場合がある。したがって、ミクロ解析を実施するにあたっては、これらの(B)やポリシーを確認し、遵守する必要がある。

1. (A)個人情報　(B)法律
2. (A)企業情報　(B)セキュリティ設定
3. (A)環境情報　(B)法律
4. (A)マクロ情報　(B)セキュリティ設定

Reference　公式テキスト参照ページ

2-3-3　広がりを見せるミクロ解析 …… p.085

インフォメーション

「マクロ(macro)」は「大規模な」「大局的な」という意味で、「ミクロ(micro)」は「小規模な」「局所的な」という意味です。「micro」は「マイクロ」と読むこともありますが、わかりやすく「ミクロ」と読んだほうがよいでしょう。

問2-16の解答：1

問題文を解答で埋めると、次のようになります。

ミクロ解析の1つである「閲覧経路分析」は、深く踏み込めば**個人情報**と関連付けたアクセスログ解析を行うこともできる。しかし、解析ツールのサービス利用規約や、自社のサイトポリシーやプライバシーポリシーなどによっては、**個人情報**と関連付けた分析が禁止されている場合がある。したがって、ミクロ解析を実施するにあたっては、これらの**法律**やポリシーを確認し、遵守する必要がある。

ミクロ解析は、1人の心理状況を把握することに非常に有効な解析ですが、一方で個人を特定できる解析ともいえます。

解析ツールのサービス利用規約や自社のサイトポリシーやプライバシーポリシーなどによっては、個人情報と関連付けた解析が禁止されている場合があります。これらの法律やポリシーを確認し、遵守するようにしてください。

Column

ミクロ解析の応用

ミクロ解析では、次のような応用でさらなる課題解決が期待できます。

・ユーザーテストと組み合わせる

ユーザーテストとミクロ解析を組み合わせたユーザー行動観察を行うことで、マクロ解析では知ることができないユーザーの心理や感情に焦点を当てた解析が可能になります。

・より「個人」を見る

個々の閲覧行動に合わせて個別最適化をしたサービス提供が求められていますが、ウェブマーケティングの情報からは「個人」の特定までは難しいのが現状です。そこで、パラメーターの付与を設定することで、「個人」を特定したミクロ解析ができるツールも登場しています。この機能を有する主なミクロ解析ツールに「リストファインダー」(https://promote.list-finder.jp/)、「SATORI」(https://satori.marketing/)などがあります。

問2-17

KPIの計算式について、誤っているものを選びなさい。

1. イーコマースサイトの売上＝客単価×セッション数×コンバージョン率
2. リードジェネレーションサイトの売上＝商談数×受注率×客単価
3. メディアサイトの非直帰PV数＝セッション数－直帰数
4. リードジェネレーションサイトの売上＝客単価×受注率×商談率×コンバージョン率×セッション数

Reference　公式テキスト参照ページ

2-5-1　イーコマースサイトモデルの計画立案 …… p.095
2-5-2　リードジェネレーションサイトモデルの計画立案 …… p.098
2-5-3　メディアサイトの計画立案 …… p.106

問2-18

KGI（Key Goal Indicator）の日本語訳として、正しいものを選びなさい。

1. 重要目標達成指標
2. 重要業績評価指標
3. 重要成功要因
4. 重要心理要因

Reference　公式テキスト参照ページ

2-4-2　KGIとKSFとKPI …… p.089

ヒント

「KGI」「KSF」「KPI」は、正式名称と日本語訳を覚えておきましょう。

問2-17の解答：3

メディアサイトのKPIとして挙げられる非直帰PV数は、次の計算式で求めます。

非直帰PV数＝PV数－直帰数

KPIは、設計するだけではなく、そのKPIの算出式と併せて正しく計測できる環境を構築する必要があります。

インフォメーション

ウェブ解析の環境構築については、公式テキストの「3-1　ウェブ解析計画の立案」(p.114)を参照してください。

問2-18の解答：1

「**KGI**」「**KSF**」「**KPI**」は、企画提案する際の基本的な指標の1つです。目標からKGIを設定し、そのために必要となる要素に分割したものがKSF（Key Success Factor：主要成功要因）で、その達成度合いを測定する指標がKPI（Key Performance Indicator：重要業績評価指標）です。3つをセットにして、言葉の意味と役割を覚えておきましょう。

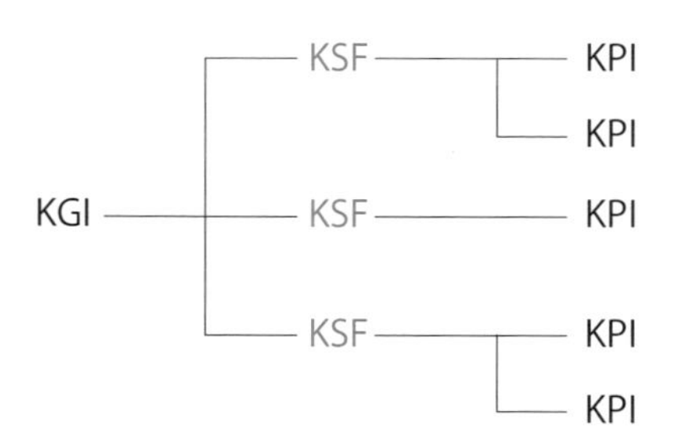

●KGIとKSFとKPIの関係

問2-19

イーコマースサイトの計画立案として、正しいものを選びなさい。

購入単価2,000円、月間売上5,000,000円のイーコマースサイトがある。月間売上を8,000,000円にするためには、コンバージョン数を何件増やさなければならないか。なお、コンバージョン率は一定とする。

1. 1,500件
2. 2,500件
3. 4,000件
4. いずれでもない

Reference　公式テキスト参照ページ

2-5-1　イーコマースサイトモデルの計画立案 ………… p.095

問2-20

月間売上3,000,000円、購入単価5,000円、セッション数50,000のイーコマースサイトがある。この売上を4,500,000円にするにはCVRを何%にする必要があるか。ただし、セッション数、客単価は変わらないものとする。

1. 1.2%
2. 1.8%
3. 2.0%
4. 2.3%

Reference　公式テキスト参照ページ

2-5-1　イーコマースサイトモデルの計画立案 ………… p.095

問2-19の解答：1

月間売上5,000,000円に対し、目標は8,000,000円なので、8,000,000円－5,000,000円＝3,000,000円の売上を増やす必要があります。

購入単価は2,000円なので、必要なコンバージョン数は、次のようにして算出できます。

3,000,000円÷2,000円＝1,500件

つまり、1,500件のコンバージョンが必要であることがわかります。

問2-20の解答：2

月売上4,500,000円にする場合、購入単価は5,000円なので、必要なコンバージョン数は次のようにして算出します。

4,500,000円÷5,000円＝900件

セッション数は50,000件なので、達成すべきコンバージョン率は次のようにして算出します。

900件÷50,000件＝0.018＝1.8%

問2-21

リードジェネレーションサイトのKPIについて、正しいものを選びなさい。

1. 商談数＝コンバージョン数×受注率
2. 受注数＝商談数×受注率
3. 売上＝客単価×受注数×商談数×コンバージョン数
4. 売上＝客単価×受注数×商談数×CVR×セッション数

Reference　公式テキスト参照ページ

2-4-4　リードジェネレーションサイトモデルのKPI ………… p.090
2-5-2　リードジェネレーションサイトモデルの計画立案 ………… p.098

Column

「インサイドセールス」の重要性の高まり

「リードジェネレーション」とは、「見込み客(リード)」を「育成(ジェネレーション)」する活動のことです。リードジェネレーションサイトでは、見込み客のリード情報を獲得することが目的です。リード情報には、メールアドレスや氏名、企業名などが含まれます。

そして、獲得したリード情報から見込み客・潜在顧客をメールや電話などを用いて、関係を醸成(ナーチャリング)するプロセスが「リードナーチャリング」です。一口にリードといっても、さまざまな段階があるため、適切な情報提供やコミュニケーションを行うことで、関係性を継続していきます。

リードジェネレーション領域からリードナーチャリング領域に、リードを受け渡す役割として「インサイドセールス」の重要性が高まっています。インサイドセールスとは、主に電話やオンラインを用いて商談を行うことです。従来は訪問しなければ収集できなかった顧客の情報やニーズの収集が可能になったことや、顧客が自力で情報収集できる環境が整ったことで、訪問せずに情報提供やコミュニケーションができるようになりました。

このような状況では、マーケティングとセールスの橋渡しとして、インサイドセールスによる顧客とのコミュニケーションの重要度が高くなってきています。つまり、マーケティング活動から商談機会を創造するという役割を担うようになったともいえます。

問2-21の解答：2

リードジェネレーションサイトでは、一般には次の図のようなプロセスで各目標値を算出します。

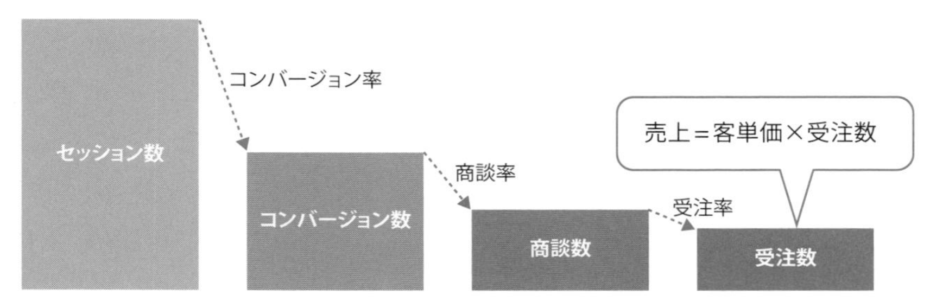

●リードジェネレーションサイトの各段階で目標値を算出する

売上は、「客単価×受注数」で求められます。また、それぞれのプロセスでは、「1つ前のプロセス数×求めるプロセスへの率（これを逆算と呼んでいます）」で求められます。それに従うと、各段階の数値は次のようにして算出できます。

1. 商談数＝コンバージョン数×商談率
2. 受注数＝商談数×受注率
3. 売上＝客単価×受注数＝客単価×（コンバージョン数×商談率×受注率）
4. 売上＝客単価×受注数＝客単価×（セッション数×コンバージョン率×商談率×受注率）

ここから、正解が**2.**であることがわかります。**3.**と**4.**では、受注数をそれぞれコンバージョン数まで割り戻すか、セッション数まで割り戻すかの違いです。目標値の逆算についてはしっかり計算できるようにしておきましょう。

問2-22

リードジェネレーションサイトの計画立案として、文章の空欄に当てはまる数字の組み合わせとして、正しいものを選びなさい。

現在ウェブサイト経由の売上が1000万円で、平均単価50万円、CVR1%、商談率50%、受注率25%の場合、セッション数は（A）となっている。売上を1500万円に伸ばすには、セッション数（B）を達成する必要がある。あるいは、CVRのみの改善であればCVRを（C）に、受注率のみの改善であれば受注率を（D）にすることでも達成できる。

1. （A）12,000　（B）18,000　（C）1.5%　（D）40%
2. （A）16,000　（B）24,000　（C）1.25%　（D）40%
3. （A）12,000　（B）18,000　（C）1.25%　（D）37.5%
4. （A）16,000　（B）24,000　（C）1.5%　（D）37.5%

Reference　公式テキスト参照ページ

2-4-4　リードジェネレーションサイトモデルのKPI ……… p.090
2-5-2　リードジェネレーションサイトモデルの計画立案 ……… p.098

インフォメーション

リードジェネレーションサイトモデルのKGIとしては、「受注数」や「成約数」です。そのKPIとしては、「コンバージョン率」「商談率」「受注率」、「電話やFAXでの問い合わせ数」、「CPC」「CPA」などが用いられます。

問2-22の解答：4

問2-21と同様に、必要な値を逆算して求めます。

- 売上：10,000,000円
- 客単価：500,000円
- 受注数：10,000,000円÷500,000円＝20件
- 商談数：20件÷25%=20件÷0.25＝80件
- コンバージョン数：80件÷50%=80件÷0.5＝160件
- セッション数：160件÷1%＝160件÷0.01＝16,000セッション（A）

売上目標1500万円は、元の売上の1.5倍になります。すべての数値について段階を追って計算していけば、それぞれの改善値が得られます。ただし、1カ所のKPIを改善するのであれば、現状の値を1.5倍することでも改善値が求められます。

- セッション数：16,000セッション×1.5＝24,000セッション（B）
- コンバージョン率：1%×1.5＝1.5%（C）
- 受注率＝25%×1.5＝37.5%（D）

状況にあわせて、各指標を素早く計算できるようになることも、ウェブ解析士として必要なスキルです。

問2-23

次の文章の空欄に当てはまる内容について、正しい組み合わせを選びなさい。

現在、MAU600,000人、課金ユーザー数60,000人、ARPU50円のアプリがある。現在の売上(A)に対し、月間売上を50,000,000円にしたい。課金ユーザー数を増やして目標達成するには、現在の60,000人から、さらに(B)増やす必要がある。

1. (A)3,000,000円　(B)40,000人
2. (A)3,000,000円　(B)100,000人
3. (A)30,000,000円　(B)40,000人
4. (A)30,000,000円　(B)100,000人

Reference　公式テキスト参照ページ
2-5-5　アクティブユーザーモデルの計画立案 …… p.108

Column

初課金の壁

ここでは、課金しているユーザーをさらに何人増やすかを求めていますが、実は、課金に関して最も難しいのは「初めて支払いをしてもらう」ことです。一度でも課金した場合、そのあとも継続利用したり、支払いを続けたりする傾向があります。課金型アプリでは、その継続の仕組みをどのように作っていくのかが重要なポイントになります。

また、新しくゲームを始めると「登録してから○日はアイテム半額」「新規登録でガチャ○回無料」などといったメッセージをよく目にしますが、これも新規課金率を意識した施策です。

問2-23の解答：3

このアプリの場合、現在の売上金額は、次のようになります。

売上＝MAU × ARPU ＝600,000人×50円=30,000,000円

また、それを使うと、現在のARPPUが次のように求められます。

ARPPU ＝売上÷課金ユーザー数＝30,000,000円÷60,000人＝500円

目標の50,000,000円を達成するための課金ユーザー数は、ARPPUを使って、次のように求められます。

課金ユーザー数＝50,000,000円÷500円＝100,000人

現在の課金ユーザー数が60,000人なので、次のようにして、増やすべき人数を求めます。

増やす課金ユーザー数＝100,000－60,000＝40,000人

これらから、**3.**が正解であることがわかります。

第3章
ウェブ解析の設計

本章の範囲からは、自社サイト、ソーシャルメディア、広告、検索エンジンなど、それぞれに必要な解析計画の設計について出題されます。

問3-1

解析計画の立案の説明について、正しいものを選びなさい。

1. 解析計画は、少数精鋭で取り組む「プロジェクト」であるということを認識すべきである。
2. 解析計画は、「どのサイトの」「何を計測するのか」という本質を検討すべきである。
3. 最終的な目的・ゴールを明確にすることは、解析計画においては重要ではない。
4. 通常、解析計画は、技術情報整理、人員確保・教育、技術選定・導入、解析のフェーズ決定、計画作成といった流れで進めていく。

Reference　　公式テキスト参照ページ

3-1-1　ウェブ解析計画の前に決めること …… p.114

ヒント

「なぜ解析するのか」「何に活用するのか」などが本質的な部分です。「なぜ」を大切にしないと、ただのレポート作成業務で終わってしまいます。また、導入してあるツールをダラダラと見続け、最後には誰も見なくなるということにもなりかねません。しっかりとゴールを決めて解析計画を立てましょう。

問3-1の解答：4

解析計画では、「どのサイトなのか」「何を計測するのか」「どんなツールを入れるのか」といった点に目がいってしまいがちですが、多くの関係者が関わる「プロジェクト」であるという認識を持って、「プロジェクトマネジメント」を行う必要があります。

つまり、解析計画から実装までを1つのプロジェクトとして、目的（何のために解析をするのか）やゴール（何をどこまで解析できればよいのか）とともに、影響範囲や対応範囲を想定して関係者とのコミュニケーションを取りながら、確実に導入までを管理しなければならないということです。

その基本として、**「ゴール」「スコープ」「関係者」**の3つを把握し、決めておきましょう。

● **ゴール**

具体的な解析の目的から、現実的な実装の「ゴール」を設定する

● **スコープ（対象範囲）**

設定したゴールから、オンライン・オフラインの対象を絞り込む

● **関係者**

それぞれのデータを取得するために必要な関係者を洗い出す

●解析計画の前に決めておく3つのこと

1.は、「少数精鋭」ではなく、「多数の関係者」が正しい説明です。**2.**の「どのサイトの」「何を計測するのか」ということはスコープであり、「何のために（何に活用するために、何を分析するために）」ということが本質です。**3.**の「最終的な目的・ゴールを明確にする」ことこそ、本質です。

問3-2

技術的文書の説明として、誤っているものを選びなさい。

1. RFPとは提案依頼書のことで、開発委託会社などに目的や必要な要件を伝えるために作成する。
2. SDRは、独自のカスタマイズタグを導入してデータを計測している場合に作成する。
3. サイト/システム設計書は、サイトマップの構造や利用されているJavaScriptのライブラリ、クラスの定義などをまとめたものである。
4. UX/UI指示書は、ペルソナやカスタマージャーニーマップのことで、ユーザーにサイトの意図を伝えるためのものである。

Reference　公式テキスト参照ページ
3-1-3　技術的環境の文書の活用 …… p.118

問3-3

ウェブ解析環境の実装後、改善が必要となる内部要因として誤っているものを選びなさい。

1. サーバー環境の変更
2. ウェブの環境の変化
3. 関連システムや解析ツールの見直し
4. マーケティング戦略の変更

Reference　公式テキスト参照ページ
3-1-6　ウェブ解析の維持と改善 …… p.123

第3章

問3-2の解答：4

UX/UI指示書は、UX/UIデザイナーが作成した指示書のことです。ユーザーのペルソナやカスタマージャーニーマップなどをもとに作成され、想定するユーザー像やカスタマーの行動に合わせ、どのような コンテンツを作ったかを把握できます。

インフォメーション

・RFP（Request For Proposal：提案依頼書）
「このような目的で、こういった状況で、このようなシステムを作りたいのだが、提案をしてほしい」ということを伝える文書
・SDR（Solution Design Reference）
独自のカスタマイズタグを導入してデータ計測をしている場合には作成する。主にAdobe Analytics導入の際に使われる文書形式

問3-3の解答：2

ウェブ解析環境の改善が必要となる**内部要因**としては、社内方針の変更、システムやサイトの構造変更によるメンテナンスが起きる場合です。例えば、「サイトフロー・ウェブシステムの変更」「サーバー環境の変更」「ツールの見直し」「マーケティング戦略の変更」などが挙げられます。

一方で、SSL環境の重要性の増加やAMP（Accelerated Mobile Pages）の普及など、ウェブに関する変化は**外部要因**になります。外部要因には、GDPRに代表される法規制も含まれます。

問3-4

インターネット広告の配信を検討するにあたって、どのような層にアプローチするかを考慮する必要がある。検索連動型広告を行う場合、配信に最も適したターゲットはどれか。

1. 非認知層
2. 潜在層
3. 顕在層
4. どれも適切ではない

Reference　公式テキスト参照ページ

3-2-2　広告の種類 ………… p.125
5-2-6　検索連動型広告 ………… p.219

インフォメーション

インターネット広告には、次のようなものがあります。

- 純広告
- ソーシャルメディア広告
- 検索連動型広告
- ディスプレイ広告
- サーチターゲティング広告
- リターゲティング広告
- 動画広告
- メール広告
- アフィリエイト広告

問3-4の解答：3

ターゲットの属性やタイミングで、広告配信手法も使い分けていかなければなりません。商品・サービスの認知から購買までのプロセスの中で心理的変化や態度変容が起きますが、その過程でターゲットの数が絞り込まれていくため、次に示したような漏斗状の図で表現できます。このような図を「**マーケティングファネル**」と呼びます。

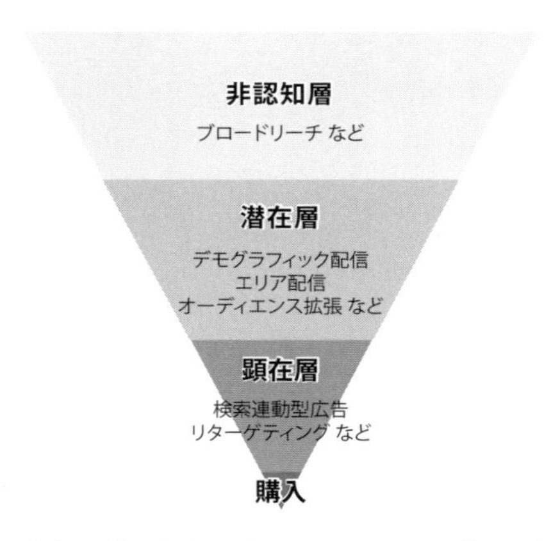

●ターゲット層によるマーケティングファネル

- **非認知層**：商品・サービスを知らない、あるいは商品・サービスに対する自身のニーズに気付いていない層です。
- **潜在層**：商品・サービスについて、ある程度のニーズは持っているものの、商品・サービスに対する知識が少ない層です。
- **顕在層**：商品・サービスについて購入しようというニーズを持ち、具体的に比較検討している層です。

検索連動型広告は、すでにニーズが顕在化していて、検索という行動をとっている**顕在層**を獲得するために配信するのに適しています。

問3-5

運用型広告の効果測定を行うにあたり、誤っているものを選びなさい。

1. 広告アカウントで配信に必要な準備(キャンペーン、広告グループ、キーワード、広告などの設定)を行う。
2. 広告媒体ごとにコンバージョンタグを取得し、すべてのページに設置する。
3. どの広告のどのキャンペーンからの流入かが解析できるように、パラメーターを設定する。
4. 広告費用をアクセス解析ツールにインポートし、費用対効果を確認できるようにする。

Reference　公式テキスト参照ページ

3-2-4　運用型広告の効果測定の設計 …… p.129

問3-6

アクセス解析によってアフィリエイト広告の効果を測定する方法について説明した文章として、正しいものを選びなさい。

1. キーワード別に解析を行う。
2. 参照元別に解析を行う。
3. 時間帯別に解析を行う。
4. ユーザーエージェント別に解析を行う。

Reference　公式テキスト参照ページ

3-2-7　アフィリエイト広告の効果測定の設計 …… p.131

問3-5の解答：2

運用型広告は、純広告と比べて、運用とユーザーや競合の動向で、著しく各種の数値が変化しやすい傾向があります。そのため、アクセス解析との連携が必須です。

したがって、広告枠だけの計測だけではなく、キャンペーンや広告グループ、キーワード、広告費用などが正しくアクセス解析ツールで連携できるように設計しなければなりません。また、コンバージョンのポイントを決めたら（商品の購入や資料請求など）、その位置でコンバージョンタグが正しく作動（「発火」とも呼びます）するように設置します。

なお、リターゲティング用のタグとコンバージョン用のタグでは設置場所が異なるので、注意してください。

問3-6の解答：2

アフィリエイト広告は、「どのアフィリエイターサイトからの流入が多く、またコンバージョンの数や質がよいか」といったことを判断しながら運用を行います。したがって、広告の参照元が正しく検出できるように、パラメーターを設計する必要があります。

また、一般にアフィリエイト広告に掲載した際のリファラーは集客支援サイトのURLになりますが、多数のアフィリエイターと提携していると、リファラーでは管理が困難になります。そのためにも、効果測定の際には、パラメーターを利用してアフィリエイトからの流入であることを明確にします。

問3-7

次の語句と説明文の組み合わせとして、正しいものを選びなさい。

（A）複数のネットワークを一元管理し、媒体側が定める広告枠や最低入札額を登録する仕組み。
（B）メディアに接触しているオーディエンスの属性に従って広告のクリエイティブや入札額を登録する仕組み。
（C）複数のアドネットワークにつながっている、広告をインプレッション単位で売買できるプラットフォーム。

1.	(A)データエクスチェンジ	（B）アドエクスチェンジ	（C）SSP
2.	(A)SSP	（B）DSP	（C）アドエクスチェンジ
3.	(A)DSP	（B）SSP	（C）データエクスチェンジ
4.	(A)アドエクスチェンジ	（B）データエクスチェンジ	（C）DSP

Reference　公式テキスト参照ページ

3-2-8　アドテクノロジー ………… p.131

ヒント

DSPは「Demand Side Platform」の略で、広告主向けのプラットフォームのことです。一方、SSPは「Supply Side Platform」の略で、媒体（広告枠の提供側）のプラットフォームです。

第3章

問3-7の解答：2

「**アドテクノロジー**」とは、広告主と媒体（メディア）、そして、これらの二者間の広告配信に関連するさまざまなサービスを行うテクノロジーの総称です。

- **データエクスチェンジ**：メディアや企業の持つオーディエンスデータを集め、分析整理して売買・流通する仕組みのことです。
- **アドエクスチェンジ**：広告枠を1インプレッション単位で売買するプラットフォームのことです。
- **DSP**（**Demand Side Platform**）：複数のアドネットワークやアドエクスチェンジを広告主側としてクリエイティブや入札額を登録するシステムのことです。
- **SSP**（**Supply Side Platform**）：複数のアドネットワークやアドエクスチェンジを媒体側として広告枠や最低入札額を登録するシステムのことです。

昨今のインターネット広告の運用では避けて通れない仕組みなので、それぞれについてしっかり理解しておきましょう。

Column

Cookieベースのマーケティングは終焉？

2017年に、Appleが開発しているウェブブラウザーSafariにおいて、Cookie情報の保存期間を短くする仕組みである**ITP**（**Intelligent Tracking Prevention**）の実装が発表されました。また、2018年5月には、EUで「**GDPR**（**General Data Protection Regulation**）というデータ情報保護法が適用され、IPアドレスやCookie情報を取得する際には、ユーザーの許可が必要となりました。

しかし、2019年12月現在でも、Googleアナリティクスや各種計測ツールではCookieをベースとした手法が大半であるため、計測されているデータの精度に影響が出始めています。

そのような背景もあり、欧州を始めとしたマーケティング先進国では、サイト上でユーザーからCookieの使用許可を得るだけでなく、メールアドレスや電話番号、よく使うアプリ（FacebookやTwitter、WhatsAppなど）など、Cookieに依存せずにユーザーのタッチポイントを増やすことへとシフトしています。

既存の手法の存続が危ぶまれている中、私たちウェブ解析に携わる人間は、世界で起きている大きな潮流を理解し、環境の変化に対応する次の一手を考え続けることが求められています。

問3-8

次に示した文章で、空欄に当てはまる正しい組み合わせを選びなさい。

現在、TwitterやFacebookのような(A)を使ったマーケティングに注目が集まっている。(A)を使ったマーケティングの効果を測定するために、コンテンツの(B)だけではなく、サイト集客数としてのユニークユーザー数の測定や、インタラクティブ特性を活かした(C)などの分析も重要となっている。ただし、最も重要な成果は、その(A)を利用した施策によって、どの程度、(D)に結び付いたかを測定することである。

1.	(A)スマホアプリ	(B)購買数	(C)費用対効果	(D)いいね！数
2.	(A)SNS	(B)購買数	(C)シェア数	(D)いいね！数
3.	(A)スマホアプリ	(B)閲覧数	(C)クチコミ	(D)エンゲージメント
4.	(A)SNS	(B)閲覧数	(C)いいね！数	(D)エンゲージメント

Reference 公式テキスト参照ページ

3-3 ソーシャルメディア解析の設計 ………… p.136

Column

「広告認知」と「ブランド認知」

ソーシャルメディアでコンテンツが「バズって」も、肝心の認知・関心・ブランド力の向上の役に立っていないということが少なくありません。

マーケティングでは「広告認知」と「ブランド認知」を分けて考えますが、まさに「広告認知は得られたもののブランド認知は得られなかった」という状態であるといえます。

問3-8の解答：4

問題文を解答で埋めると、次のようになります。

現在、TwitterやFacebookのような**SNS**を使ったマーケティングに注目が集まっている。**SNS**を使ったマーケティングの効果を測定するために、コンテンツの**閲覧数**だけではなく、サイト集客数としてのユニークユーザー数の測定や、インタラクティブ特性を活かした**いいね！数**などの分析も重要となっている。ただし、最も重要な成果は、その**SNS**を利用した施策によって、どの程度、**エンゲージメント**に結び付いたかを測定することである。

ソーシャルメディアは、どんな目的でマーケティングに用いるかで活用方法が変わります。まずは目的を確認しましょう。目的は、次のように大別できます。

- 認知度拡大・関心醸成
- ブランディング
- コンバージョン

それぞれの目的によって、測定すべき指標や解析すべき項目も変わってきます。また、ソーシャルメディアごとに特性が大きく異なるため、どのソーシャルメディアをターゲットにするかも考えなければなりません。いずれにしても、まずは目的をしっかりと立てることが重要です。

問3-9

ソーシャルメディアにおけるコンテンツの設計に関する説明の中から、正しいものを選びなさい。

1. 認知度拡大・関心醸成を目的とする場合、商品・サービス・企業の名前・特徴の訴求が、コンテンツに盛り込まれるようにする。
2. ブランディングを目的とする場合、差別化できるポイントや独自性を訴求できるポイントを際立たせて、識別性を高めるとよい。
3. コンバージョンを目的とする場合、広告と同様のコンテンツを設計する。
4. すべて正しい。

Reference　　公式テキスト参照ページ

3-3-2　運用目的ごとのコンテンツの設計 …… p.137

問3-10

自然検索（オーガニックサーチ）の説明として、正しいものを選びなさい。

1. オーガニックサーチの設計に、リスティング広告への出稿実績は必須となる。
2. 自然検索結果のクリックは課金されないため、流入数は重要な指標にならない。
3. 自然検索の設計において、他社のサーチ結果順位もスコープに入れておくとよい。
4. トラフィック分析における検索エンジンからの流入とは、自然検索結果からの流入のことである。

Reference　　公式テキスト参照ページ

3-4　オーガニックサーチ解析の設計 …… p.139

問3-9の解答：4

ソーシャルメディアでは、単純に露出（インプレッション・リーチなどのユーザーとの接触）やエンゲージメント（いいね！・コメント・シェアなどのユーザーからの肯定的な反応）の多少ではなく、運用目的に沿ったコンテンツを設計し、適切な露出とエンゲージメントを得ることが重要です。

● **認知度拡大・関心醸成**

商品・サービス・企業のブランド名を認知して関心を持ってもらうことに役立っているかどうかが重要なので、商品・サービス・企業の名前・特徴の訴求を盛り込みます。

● **ブランディング**

「誰に」「どう思ってほしいのか」を決めますが、そのためには差別化できる点や独自性をアピールします。

● **コンバージョン**

顧客の欲求にいかに訴えるかということが焦点になるので、そのためのコンテンツはコンバージョン広告と同様のものになります。

問3-10の解答：3

1. 「オーガニックサーチの結果順位」と「リスティング広告の出稿実績」は、連動していません。したがって、オーガニックサーチの設計にリスティング広告のデータは必須ではありません。
2. 自然検索結果はクリックされても課金されないものの、顕在層をどれだけサイト誘導できているかを知っておく必要はあります。
3. 順位測定ツールを使って他社のサーチ結果順位も計測しておくと、自社と競合を比較することもできます。ぜひ活用してください。
4. トラフィック分析における検索エンジンからの流入は、自然検索結果と検索連動型広告の両方が対象となります。

問3-11

アクセス解析ツールの選定について、正しいものを選びなさい。

ウェブサーバーと同じネットワーク内にサーバーを増設できない場合は、(A)方式のツールは使えない。サーバーが複数に分散している場合は、サーバーの環境に依存しない(B)方式が有効であり、集計にも向いている。(B)方式は、解析対象ドメインの全ページに(C)やクリアGIF(透明な画像)などのタグを実装する。また、(B)方式は、ウェブブラウザーにキャッシュされているページでも解析が可能だが、(A)方式や(D)方式では解析できない場合がある。

1. (A)ウェブビーコン　(B)サーバーログ
   (C)JavaScript　(D)パケットキャプチャ
2. (A)パケットキャプチャ　(B)サーバーログ
   (C)JavaScript　(D)ウェブビーコン
3. (A)サーバーログ　(B)パケットキャプチャ
   (C)パラメーター　(D)ウェブビーコン
4. (A)パケットキャプチャ　(B)ウェブビーコン
   (C)JavaScript　(D)サーバーログ

Reference　公式テキスト参照ページ

3-5-1　アクセス解析の種類 …… p.143

ヒント

もともと「ビーコン」とは信号を発している装置のことで、「ウェブビーコン」とはウェブページで閲覧者を識別している仕組みのことです。つまり、「ユーザーごとの信号を発している装置」を表しているといえます。

問3-11の解答：4

ウェブサイトのアクセス解析ツールには、次の3つの方式があります。

- **サーバーログ方式**：アクセスログをウェブサーバーから取得し、アクセスの履歴を解析します。

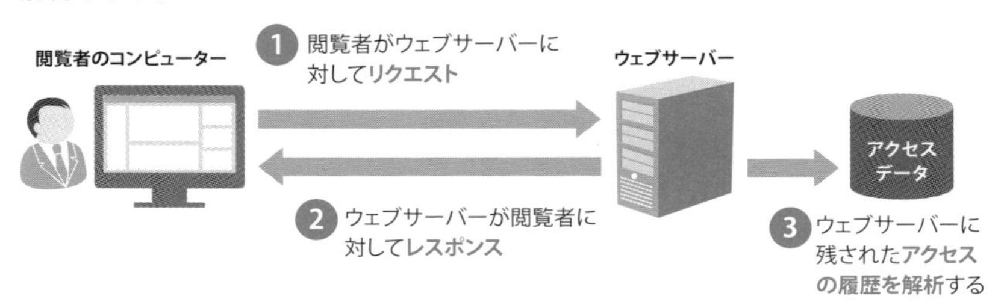

- **パケットキャプチャ方式**：ウェブサーバーに流れる「パケット」を、ウェブサーバーが設置されているプライベートネットワーク内でキャプチャして解析します。

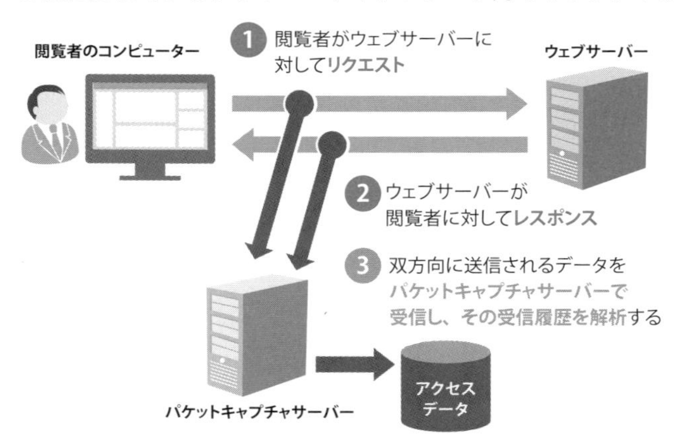

- **ウェブビーコン方式**：配信するウェブのページ（HTMLファイル）にウェブ解析用のJavaScriptなどを挿入し、アクセスログを解析サーバーに送信することでアクセス解析を行います。

それぞれの方式には長所と短所があるので、状況に合わせて適切な方法・ツールを選定してください。

問3-12

アクセス解析ツールのウェブビーコン方式を説明する文章として、誤っているものを選びなさい。

1. JavaScriptなどのプログラム（ビーコン）を埋め込むことで、単なる解析だけではなく、設定によってはダウンロード数やスクロール率も計測できるようになる。
2. 一般にはASPで提供されるが、自社サーバー内に設置できるツールもある。
3. ウェブブラウザー側のJavaScript機能がオフになっていても機能する。
4. ウェブサーバーへのインストールや専用機器・サーバーの導入が必要なく、レンタルサーバー内のウェブコンテツなどに対しても使用でき、比較的安価に始められる。

Reference　　公式テキスト参照ページ

3-5-1　アクセス解析の種類 …… p.143

問3-13

アクセス解析ツールのパケットキャプチャ方式について説明する文章として、誤っているものを選びなさい。

1. 自社のデータセンターに専用のサーバーを置き、すべてのHTTP通信のパケットをキャプチャ（採取）して解析するため、高価な環境を必要とする。
2. リアルタイムな情報と正確なログデータの取得には向いていない。
3. JavaScriptなどが動作しないウェブブラウザー・端末での解析が可能である。
4. サーバーやネットワーク環境を自社で管理する必要があり、専用サーバーなどの設置も必要なので、小規模サイトには不向きである。

Reference　　公式テキスト参照ページ

3-5-1　アクセス解析の種類 …… p.143

問3-12の解答：3

ウェブビーコン方式の長所は、ウェブビーコンを埋め込むだけで、簡単に、かつ高度な解析ができることにあります。したがって、ほかの方式と比べると、容易に解析を始めることができます。

しかし、ユーザー側でJavaScript機能がオフになっていた場合などは、データが解析サーバーに送られないので注意が必要です。

インフォメーション

ウェブビーコン方式のツールとしては**Google アナリティクス**が最も有名ですが、**Matomo**という自社サーバーにも設置可能なオープンソースのアクセス解析ツールがあります。こちらに関しては、公式テキストの「3-5-4　アクセス解析ツール」(p.150)を参照してください。

問3-13の解答：2

パケットキャプチャ方式は、サーバーやネットワーク環境を自社で管理する必要があり、専用のサーバーの導入も必要である(p.082の解説も参照してください)ことから、非常に高価で小規模サイトの解析ではメリットが活かせません。

しかし、通信をリアルタイムで詳細に解析できるため、キャンペーンなどの大規模でリアルタイム解析が必要な場合には大きなメリットです。また、ウェブビーコン方式と違ってユーザーのJavaScript環境にも依存しないこともメリットの1つです。

インフォメーション

ユーザーの判別方法は、「サーバーログ方式」「パケットキャプチャ方式」はIPアドレスベースで、「ウェブビーコン方式」はCookieベースです。

問3-14

PDFファイルのダウンロード数や閲覧数を記録する方法を説明した文章として、正しいものを選びなさい。

1. サーバーログからはダウンロード数も閲覧数も判断できない。
2. ウェブビーコン方式のアクセス解析ツールは、HTML以外のファイルのダウンロード数や閲覧数は記録できない。
3. ウェブビーコン方式のアクセス解析ツールでは、設定を行うことでダウンロード数や閲覧数を取得可能な場合がある。
4. PDFファイルのようなウェブブラウザーにアドオンの必要なコンテンツの閲覧数やダウンロード数は、そのアドオンが対応していれば取得できる。

Reference　公式テキスト参照ページ

3-5-1　アクセス解析の種類 ………… p.143

問3-15

IPアドレスで把握できることについて、正しいものを選びなさい。

1. 都道府県や市町村ごとのページビューを測定できる。
2. 企業の組織名まで把握できる。
3. アクセスしてきたユーザーの年齢や性別がわかる。
4. アクセスしてきたユーザーの年収や学歴がわかる。

Reference　公式テキスト参照ページ

3-5-2　IPアドレスとCookie ………… p.145

問3-14の解答：3

1. サーバーログにはPDFファイルや画像ファイルへのリクエストも記録されているため、ダウンロード数を計測できます。
2. ウェブビーコン方式のアクセス解析ツールでは、イベントトラッキング設定などによってダウンロードの計測ができるようになります。
4. PDFファイルのダウンロード数をウェブブラウザーのアドオンで計測することは、あまり一般的ではありません。

PDFファイルのダウンロード計測の方法は、各解析方式の長所や短所の中でも最も理解しておくべきポイントです。

問3-15の解答：1

IPアドレスには、接続のたびにアドレスが変わる可能性のある**動的IPアドレス**と、アドレスが変わらない**固定IPアドレス**（静的IPアドレス）があります。

動的IPアドレスであっても、多くのインターネットプロバイダでは接続ポイントごとにIPアドレスを割り振っているため、IPアドレスからどこの都道府県や市町村からアクセスされたのかを測定できます。

また、多くの企業では、さまざまな理由から固定IPアドレスを利用しています。この固定IPアドレスによって企業名がわかるだけではなく、専用のインターネット接続網を持っている場合は組織名も判別できることがあります。これを活用して、ミクロ解析が行われます。ただし、すべての企業に当てはまるわけではなく、専用のインターネット網を使っている官公庁や大学、大手企業に限られることには注意が必要です。

インフォメーション

公式テキストの「2-3　マクロ解析とミクロ解析」（p.081）も参照してください。

問3-16

Cookieを説明した文章として、正しいものを選びなさい。

1. 端末が異なる場合、例えばパソコンとスマートフォンからアクセスすると別々のCookieが発行されるが、同じパソコンでアクセスするときはウェブブラウザーが変わっても同じCookieである。
2. サードパーティ Cookieは、スマートフォンの解析に適している。
3. Cookieはユーザーの特定に用いられ、スマートフォンからのアクセスにおいてもCookieは有効である。
4. ウェブブラウザーを閉じると、Cookieは削除される。

Reference　公式テキスト参照ページ

3-5-2　IPアドレスとCookie ……… p.145

第3章

問3-17

次の要件でアクセス解析を行う場合、どの方式で計測するのがよいか。

海外ユーザーをターゲットに特産品を販売するイーコマースサイトで、ソーシャルメディアを中心に集客する。サーバー管理者や開発者は特におらず、HTMLとデザインスキルがあるメンバーが更新している。また、カート関連のデータも取得したい。

1. サーバーログ方式でCookieは利用しないようにする。
2. パケットキャプチャ方式でリアルタイム解析を行う。
3. ウェブビーコン方式でイーコマース機能を活用する。
4. 個人情報を取得しないよう、ショッピングモールへと移行する。

Reference　公式テキスト参照ページ

3-5-3　アクセス解析ツールの選定基準 ……… p.148

問3-16の解答：3

1. Cookieは、ウェブブラウザー単位で発行されます。同じ端末であっても、ウェブブラウザーが異なれば別のCookieが発行されます。

2. スマートフォンによっては、標準設定でサードパーティ Cookieが制限されている場合があります。

4. Cookieは、発行側が指定した期間、その端末に保存されます。しかし昨今、ITPなどによってCookieの保存期間に制限がかかる場合もあります。

インフォメーション

ITPについては、公式テキスト「1-2-6　ウェブサイトのリスク管理」（p.023）を参照してください。

問3-17の解答：3

サーバー管理者がおらずイーコマースの解析を行う場合は、ウェブビーコン方式でイーコマース機能があるものを選定するのが効率的です。

インフォメーション

ウェブビーコン方式の代表的な解析ツールであるGoogle アナリティクスにも「eコマース機能」が搭載されています。また、さらに細かく計測できる「拡張eコマース設定」という機能もあります。p.103の解説なども参照してください。

Cookieの利用に関しては、利用目的を掲載し、オプトイン機能を提供するなどして配慮するようにしましょう。

問3-18

関係者を解析対象から除外する方法について、誤っているものを選びなさい。

1. 特定のIPアドレスで関係者を特定できるなら、定義済みのフィルタの種類で「IPアドレスからのトラフィック」を「含む」という設定を行うとよい。
2. 外出先のスマートフォンやタブレットからのアクセスなどがあるため、IPアドレスで特定できない場合や複数の関係者が存在する場合は、Cookieを利用して除外するとよい。
3. カスタムセグメントを利用すると、すでに収集したデータから関係者を除外できる。
4. Google アナリティクス オプトアウト アドオンを利用すると、そのウェブブラウザーからはGoogle アナリティクスによるトラッキングを防ぐことができる。

Reference　公式テキスト参照ページ

3-5-6　関係者の除外 …… p.152

問3-19

ファネルの設計について、最も適切な選択肢を選びなさい。

1. ランディングページとは、トップページのことである。
2. 回遊ページでユーザーが離脱していないかを判断する指標には、直帰率を利用するとよい。
3. フォームページの離脱を改善するためは、EFOツールが役に立つ。
4. コンバージョンとして設定できるのは、ページの閲覧のみである。

Reference　公式テキスト参照ページ

3-5-7　ファネルの設計 …… p.153

第3章

問3-18の解答：1

Google アナリティクスでIPアドレスから関係者を除外するには、いくつかの方式があります。組織の固定IPアドレスなど、特定のIPアドレスで関係者を除外する場合は、フィルタの種類で「除外」を選択します。

それ以外には、「Cookieを利用する」（グローバルIPアドレスの変動範囲が決まらない場合）、「カスタムセグメントを利用する」（すでに収集したデータからセグメントすることで関係者を除外する）、「アドオンを利用する」（Google アナリティクス オプトアウト アドオンを導入する）といった方法があります。

また、クローラーなどの「ノンヒューマンアクセス」も、ウェブ解析においては不要なデータなので除外します。Google アナリティクスの管理画面（[管理] → [ビューの設定]）で「ボットのフィルタリング」にチェックを入れます。

問3-19の解答：3

1. **ランディングページ**とは、サイトに流入してきた際の最初のページのことです。
2. 回遊ページでユーザーが離脱していないかを判断する指標には、「**回遊離脱率**」や「**離脱率**」を利用します。
4. **イベントトラッキング**を用いることで、ページの閲覧以外もコンバージョンとして設定できます。

サイト内においても、流入からコンバージョンまでをファネルで考えることが重要となります。それぞれのフェーズでとるべき対応が異なるので、理解しておきましょう。

インフォメーション

ランディングページについては、公式テキストの「7-1-2　自社サイトの構造」（p.288）も参考にしてください。

問3-20

タグマネジメントツールを説明した文章として、不適切なものを選びなさい。

1. タグマネジメントツールは、デジタルマーケティング実施のゴールといえる。
2. サイトの情報設計に基づいた適切なタグの実装が求められるため、より詳細にサイト構成を把握しておく必要がある。
3. タグマネジメントツールを導入する際は、外部サービスとの連携を考えて設計をして導入するのがよい。
4. タグマネジメントツールはデジタルマーケティング活用に便利な反面、さまざまな活用ができるため、ログインIDの管理などは厳重に行うべきである。

Reference　　公式テキスト参照ページ

3-5-8　タグマネジメントツールによる効率的なタグ管理 ………… p.156

問3-21

Google タグマネージャで対応できないものを選びなさい。

1. 問い合わせを完了したページでコンバージョンタグを実行する。
2. 新しいタグを設定したため、本番公開する前に動作検証を行う。
3. 不要になったタグを一括して削除する。
4. クリックだけでなく、検索エンジンからPDFファイルにアクセスされた数もカウントする。

Reference　　公式テキスト参照ページ

3-5-8　タグマネジメントツールによる効率的なタグ管理 ………… p.156

問3-20の解答：1

タグマネジメントツールのタグをウェブページに実装することで、複数のデジタルマーケティングサービスを動かせるようになります。しかし、これはあくまでも作業の効率化であり、どのように各々のタグを作動させるかといった設計が必要なことには変わりありません。利便性のみで判断せず、あくまでも解析のゴールは事業の成果にあることを忘れないようにしましょう。

インフォメーション

タグマネジメントツールに関しては、次の書籍が参考になります。単なる「タグマネジメントツールの使い方」ではなく、デジタルマーケティングの基礎を支えるツールとして、俯瞰的な解説書になっています。

・『デジタルマーケターとWeb担当者のためのGoogle & Yahoo!タグマネージャーの教科書』（海老澤澄夫 著／ウェブ解析士協会 監修／マイナビ出版 刊／ ISBN978-4-8399-6087-2）

問3-21の解答：4

Google タグマネージャに限った話ではありませんが、タグマネジメントツールが提供するタグが実装されているページ以外の制御を行うことは困難です。

タグマネジメントツールは、外部のデジタルマーケティングとの連携に役立つ機能を数多く備えています。何が可能で、何が不可能なのかは、把握しておきましょう。

タグマネジメントツールは便利な道具ですが、適切に使えないと役に立たないばかりか、リスクを広げてしまうことにもなりかねません。注意点をしっかりと理解して、正しく運用しましょう。

問3-22

タグマネジメントツールを運用するにあたって注意すべき点として、最も適切な選択肢を選びなさい。

1. タグマネジメントツールは便利な道具であり、デジタルマーケティング実施のゴールといえるので、これからのウェブサイトには導入が必須である。
2. サイトの情報設計（IA）に基づいた適切なタグの実装が求められるため、より詳細にサイト構成を把握しておく必要がある。
3. あとから外部サービスのタグを設定できるのがメリットであるため、タグマネジメントツールは先に導入しておいたほうがよい。
4. タグマネジメントツールはデジタルマーケティング活用に便利なツールであるため、関係者が自由に使えるようにログイン権限を渡しておくとよい。

Reference　公式テキスト参照ページ

3-5-8　タグマネジメントツールによる効率的なタグ管理 ………………………… p.156

Column

ログが欠損するリスクを減らす方法

ログを収集する際に、Google タグマネージャ（GTM）を用いて、クライアント側からデータを送信するケースがありますが、現状のGTMの仕様では、クライアント側にすべてのデータが保持されている必要があります。そのため、サーバー側のみで保持しているデータをクライアント側に送ってからGTMでログを送信していることも多く見受けられます。しかし、このようにクライアント側に渡してから送信する以外にも、サーバー側から直接ファイル連携する方法もあります。

例えば、Google アナリティクスを使用しているなら「データインポート機能」を、Google アナリティクス360でBigQueryにログを転送しているならBigQueryに直接データを渡すことを検討してもよいかもしれません。

現在の技術では、そこまで多くのログ欠損はありませんが、売上データなどのクリティカルなデータに関しては、欠損のリスクを低減できるだけではなく、クライアント側にデータを送付することによるデータ漏洩の可能性も考えずに済みます。ログを設計する時点で検討してください。

問3-22の解答：2

各々のタグの作動条件を決定するためには、サイト構成をしっかりと把握しておくことが最も重要です。場合によっては、サイト自体を改善する必要もあります。

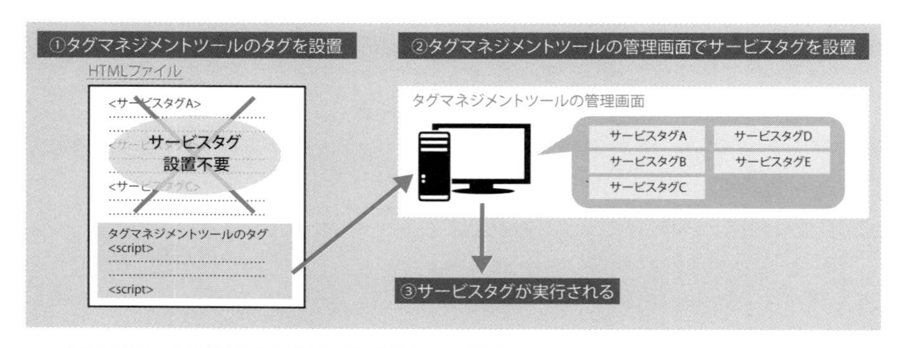

タグマネジメントツールのタグをページに設置するだけで、タグマネジメントツールの導入が可能です。
導入後は、基本的にはタグマネジメントツールの**管理画面上でサービスタグを追加**していくので、
ページにサービスタグを追記することはありません。

●タグマネジメントツール導入後のイメージ

ウェブ解析では、解析ツールを使ってできることを把握しておくことだけではなく、どのようなサイト構造であるべきかを考えられるスキルも必要となります。

Column

Google タグマネージャ以外のタグマネジメントツール

特に日本の広告サービスのタグを数多く利用できる「Yahoo!タグマネージャー(YTM)」や、Adobe AnalyticsなどのAdobe製品との連携に特化した「Adobe Dynamic Tag Management(DTM)」、大企業におけるタグ活用やデータ連携を目的とした「Tealium iQ(TiQ)」といったサービスがあります。

それぞれ特徴が異なるため、まずはGoogle タグマネージャでの導入・運用を検討し、それではニーズに対応できなくなった場合の選択肢とするとよいでしょう。

問3-23

スマートフォンアプリの解析を説明した文章として、正しいものを選びなさい。

1. アプリを経由したウェブサイトへの訪問を解析する方法はない。
2. アプリにもページビューという概念があるので、ウェブサイトと同じようにユーザーの行動を把握することができる。
3. アプリはインターネット接続がない環境でも機能するため、ログはインターネットが接続された際に送信するのが一般的である。
4. アプリはダウンロード数も重要な指標とし、他社アプリの傾向とも合わせて分析するとよい。

Reference　　公式テキスト参照ページ

3-6-3　アプリ内解析の方法 …… p.159

問3-24

マルチデバイス連携に関する次の記述のうち、誤っているものを選びなさい。

1. ログインした際のユーザーIDを解析ツールに紐付ける。
2. ソーシャルログインのログイン情報を解析ツールに紐付ける。
3. メールアドレスをGoogleアナリティクスに送信する。
4. GoogleアナリティクスでGoogleシグナルを「オン」にする。

Reference　　公式テキスト参照ページ

3-7-1　マルチデバイス連携の解析 …… p.162

問3-23の解説：4

1. アプリ経由のウェブサイトへの訪問は、パラメーターを用いて計測します。
2. アプリには基本的にはページビューという概念がありません。イベントトラッキングなどを駆使して、ユーザーの行動を計測する必要があります。
3. アプリはインターネット接続がない環境でも機能することを考慮する必要があり、ログを送信するタイミングだけでなく、取る必要がないログはどれかということも検討しなければなりません。

アプリはウェブサイトの解析と概念から異なることがあります。アプリに適した解析環境の設計は、これからのウェブ解析では必須のスキルになってくるでしょう。

問3-24解答：3

Googleアナリティクスにメールアドレスなどの個人情報を送信することは、Googleのポリシーで禁止されています。適切な方法で解析を行うようにしましょう。

例えば、最近はソーシャルネットワークのアカウントを使う「ソーシャルログイン」が増えています。ソーシャルログインを行ったログイン情報をGoogle アナリティクスと紐付けることで、デバイスを横断した解析が可能になります。

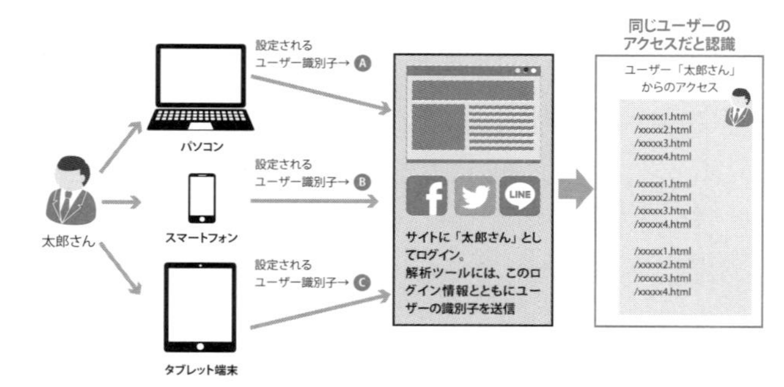

●ソーシャルログインの仕組み

問3-25

SSL対応についての記述のうち、正しい組み合わせのものを選びなさい。

(A) ウェブサイトとユーザーが送受信する情報を暗号化することで、第三者の傍受を防ぎ、情報の改竄がないことを証明できる。

(B) SSLサーバー証明書の導入には数万円〜数十万円かかるため、導入できる企業は限られている。

(C) 管理しているウェブサイトのSSL対応が一貫していない場合でも、サーバーログ方式なら同じファイルでログを取得することができる。

(D) Googleアナリティクスを導入している自社のウェブページがSSL対応されていない場合、SSL対応されているウェブページからの流入は「(direct)/(none)」と判断される。

1. (A)と(C)
2. (B)と(C)
3. (A)と(D)
4. (C)と(D)

Reference　　公式テキスト参照ページ

3-7-4　SSL対応とアクセス解析の設計 ………………………… p.166

インフォメーション

2014年に、ユーザーが安全にサイトを閲覧できるように、GoogleはHTTPSをランキング シグナルに使用すると発表しました。そのため、現在では、ウェブサイト全体をSSL実装すること(常時SSL接続)が推奨されています。

・Google ウェブマスター向け公式ブログ [JA] : HTTPS をランキング シグナルに使用します
https://webmaster-ja.googleblog.com/2014/08/https-as-ranking-signal.html

問3-25の解答：3

SSL（Secure Sockets Layer）は、インターネット上で送受信されるデータを暗号化する仕組み（プロトコル）です。主に、ウェブサイトとユーザーが送受信する情報を暗号化するために利用します。サイトの管理者は、送信される情報に対して悪意を持った第三者から守ると同時に、送信される情報が改竄されていないことを証明できます。

以前から決済や個人情報の送信フォームでSSLが使われていましたが、今ではサイト全体をSSL実装することが一般的になってきました。

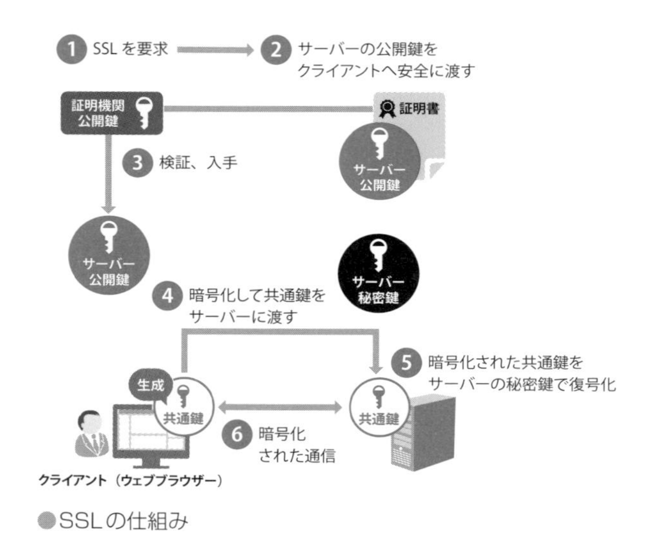

●SSLの仕組み

（B）無料のSSLサーバー証明書である「Let's Encrypt」を利用できるレンタルサーバーも増えました。また、最近では数千円で導入できる低価格のSSLサーバー証明書もあります。

（C）サーバーログ方式では、SSL対応されているウェブページのログファイルと非SSLのウェブページのログファイルは別のファイルになることが多く、つなぎ合わせる必要があります。

第4章
モデルごとのコンバージョン設計

各モデルによって、KPIやコンバージョンのポイントが異なります。本章の範囲からは、それぞれのビジネスモデルとコンバージョン設計について出題されます。

問4-1

イーコマースサイトで家具や家電といった型番に基づく販売を行う際に考えられることについて、誤っているものを選びなさい。

1. 商品ごとに競合との優位性が求められ、商品管理コストが高くなる傾向がある。
2. 売上増大のため、他社が販売していない独占販売契約の商品群を取り扱うことが望ましい。
3. 広告による流入が十分に見込めるため、SEOによる上位表示対策は必要ない。
4. すべて誤っている。

Reference　公式テキスト参照ページ

4-1-1　イーコマースサイトの事業内容と販売戦略 ……… p.172
4-1-4　イーコマースの戦略ごとの気を付けるべきポイント ……… p.176

ヒント

イーコマースサイトでは、事業内容によって、「単品販売 or 型番販売」「単店舗展開 or マルチチャネル展開」といったように、どこに軸足をおくかによって、とるべき販売戦略が決まってきます。

問4-1の解答：3

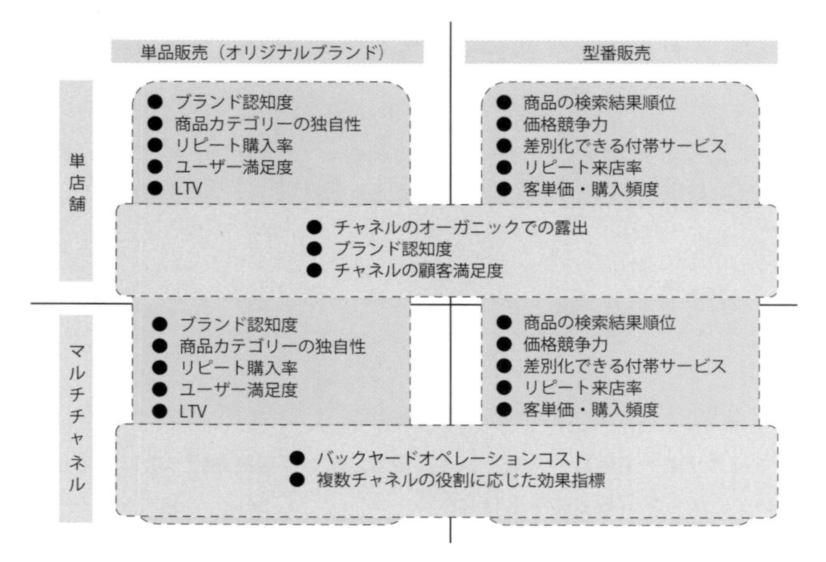

●イーコマースサイトの販売戦略マップ

イーコマースサイトでは、単品販売よりも型番販売のほうが商品管理コストが高くなる傾向があります。そのため、他社が販売していない独占販売契約を取り扱うほうが販売効率はよいものとされています。

ただし、いずれにせよ集客活動を行わなければならないことには変わりありません。適切な露出と独自の商品価値を持つことが必要となります。

したがって、SEO（検索エンジン最適化）によるブランド認知度の向上やユーザーの誘導、検索エンジンからの流入の受け皿となるランディングページの整備などにも注力する必要があります。

問4-2

次の文章の空欄に入る語句に当てはまるものついて、正しい組み合わせを選びなさい。

自社の製品をイーコマースサイトを含む(A)で展開する際には、チャネルの数に比例して増大する(B)を下げることが重要である。リアルとネットを融合した(A)の場合、(C)のみで積極的に販売するのではなく、ネットでも認知を広げて(C)で接客・購入してもらうといった複合的な役割分担が求められる。

1. (A)マルチチャネル　(B)変動費　(C)対面販売
2. (A)インターネット　(B)変動費　(C)実店舗
3. (A)インターネット　(B)固定費　(C)対面販売
4. (A)マルチチャネル　(B)固定費　(C)実店舗

Reference　公式テキスト参照ページ
4-1-1　イーコマースサイトの事業内容と販売戦略 …… p.172
4-1-3　イーコマースサイトのビジネス用語 …… p.175
4-1-4　イーコマースの戦略ごとの気を付けるべきポイント …… p.176

インフォメーション

自社独自商品といった市場認知がない商品の場合は、ブランディングを行って認知度を高める必要があり、広告やキャンペーンといった販売促進のコストがかかりやすい傾向にあります。

問4-2の解答：4

単店舗展開では店舗維持コストなどの固定費が低く抑えられますが、販路が限られるため、売上が伸び悩む傾向にあります。一方、マルチチャネル展開はチャネルの数が増える分、売上は伸びるものの、店舗維持コストなどの固定費が高くなる傾向にあります。

また、店舗をリアルとネット双方で展開する場合は、ネット店舗で認知を高めて、リアル店舗での購入につなげるなどの役割分担も求められます。

●販売戦略ごとのポイント

	単品販売	型番販売
単店舗展開	顧客との上質な関係を構築し、会社やお店をブランディングしていくことが重要。他店との差別化や優位性を発揮して多店舗展開へチャネルを増やしていくことが販売戦略の王道の流れである	SEOによる上位表示対策や、多くの露出が重要。ただし、販促コストをかけ過ぎない戦略をとるべきである。また、他社が販売していない独占販売契約の商品群を取り扱うことが望ましい
マルチチャネル展開	チャネルの数に比例して固定費が増大するため、多店舗展開用のバックヤードツールなどを利用して受発注・在庫の管理を統一して省力化のマネジメントを行い、固定費を下げる必要がある	この販売戦略は、開発コストや販売コストを抑えられる反面、販路拡大で苦戦しがちなので、LTV（ライフタイムバリュー）を上げるため、購買者満足度を高める製品開発と、リピート購入しやすいインターフェイスや購買者への通知手段の完成を進める

問4-3

次の文章の空欄に入る語句について、正しい組み合わせを選びなさい。

Google アナリティクスの「eコマース機能」を利用することで、イーコマースサイトの基本的な項目である(A)、数量、(B)、配送料などが把握できる。基本的には商品購入のタイミングでカウントされるため、購入者からの(C)などが発生した場合、実際の販売数量とGoogle アナリティクス上の数値が合わないことがある。

1. (A)購入された商品　(B)収益　(C)キャンセル
2. (A)SKU　(B)税金　(C)クレーム
3. (A)フォームのエラー　(B)税金　(C)キャンセル
4. (A)JANコード　(B)収益　(C)クレーム

Reference　公式テキスト参照ページ
4-1-2　イーコマースサイトのコンバージョンの収集 ……… p.173

Column

拡張eコマース設定

Google アナリティクスには、さらに細かく計測できる「拡張eコマース設定」という機能もあります。商品ごとに、「商品詳細ページ到達」「カート投入」「購入完了ページ」といったコンバージョンに至るまでのユーザーの行動を収集することが可能です。

ただし、商品コードや商品名、カテゴリー、ブランドや色などの項目が可変となるため、動的にHTMLを出力する必要があるなど、設定はかなり複雑になります。

問4-3の解答：1

問題文を解答で埋めると、次のようになります。

> Google アナリティクスの「eコマース機能」を利用することで、イーコマースサイトの基本的な項目である**購入された商品**、数量、**収益**、配送料などが把握できる。基本的には商品購入のタイミングでカウントされるため、購入者からの**キャンセル**などが発生した場合、実際の販売数量とGoogle アナリティクス上の数値が合わないことがある。

「eコマース機能」を有効にするには、Google アナリティクスのビューの設定から「eコマースの設定」を有効にし、サイトにはトラッキングコードを埋め込む必要があります。

この機能を利用すると、イーコマースサイトの基本的な項目である「購入された商品」「数量」「収益」「配送料」などが把握できるようになります。ただし、キャンセルまでは計測できないので、効果測定の際に注意しましょう。

インフォメーション

「MakeShop」や「カラーミーショップ」などのイーコマースサイトやカート構築サービスはGoogle アナリティクスのeコマース機能に対応しているので、管理画面で設定するだけで計測用のタグの追加が可能です。ただし、ショップとカートを別ドメインで運用している場合は、別ドメインのショップとカート部分でセッションが切れてしまい、正しく計測できないことがあるので、注意が必要です。

問4-4

イーコマースサイトの変動費にあたるものとして、正しいものを選びなさい。

1. システム利用料
2. 決済手数料
3. 出品登録作業費
4. 人件費

Reference　公式テキスト参照ページ

4-1-3　イーコマースサイトのビジネス用語 …… p.175

問4-5

イーコマースの販売戦略として、誤っているものを選びなさい。

1. 単品販売×単店舗展開では、「そこでしか買えない」「商品がよい」といったクチコミを呼ぶなど、サービス面を徹底的に鍛え上げていく。
2. 単品販売×マルチチャネル展開では、チャネルの数に比例して固定費が増大するため、受発注・在庫の管理を統一し、固定費を下げていく。
3. 型番販売×単店舗展開では、見込み客、顧客の流入元は自然検索が一番になるように、SEOによる上位表示対策や、商品の量を多く掲載できるかが重要となる。
4. 型番販売×マルチチャネル展開では、自然検索の上位表示はもちろん、すべてのチャネルエリアで商品量のシェア50%以上を目指す。

Reference　公式テキスト参照ページ

4-1-4　イーコマースの戦略ごとの気を付けるべきポイント …… p.176

問4-4の解答：2

変動費とは、売上の増減で変動する費用のことです。例えば、ロジスティックコスト（在庫、配送料、梱包コスト）、決済手数料、ポイント費などがあります。

これに対して、**固定費**は、売上に関係なく一定額発生するものです。固定費の例としては、返品・クレーム対応費、商品維持・廃棄コスト、出店手数料、システム開発費・利用料、広告費、人件費、販促費などが挙げられます。

ここでは売上の増減に関わる費用を変動費としていますが、企業活動に関わる費用も含めて変動費と考える場合もあります。対象のビジネスモデルと共通認識を把握するようにしましょう。

問4-5の解答：4

型番販売×マルチチャネル展開では、すべてのチャネルエリアで商品量のシェア30%以上を目指します。また、LTV（ライフタイムバリュー）を上げるため、購買者満足度を高める製品開発と、リピート購入しやすいインターフェイスや購買者への通知手段の完成を進めます。

問4-6

次の文章の空欄に入る語句の正しい組み合わせを選びなさい。

リードジェネレーションサイトは、(A)である「リード」を獲得することが目的となる。リード情報には、(B)、氏名、会社名などが含まれる。リード数を増やすことを重視する場合、成約時の客単価が不明なため、リードの獲得件数とともに店舗への送客数、(C)、受注率などを見る。

1. (A)見込み客　(B)業種　(C)資料請求数
2. (A)顕在顧客　(B)エリア　(C)商談率
3. (A)見込み客　(B)メールアドレス　(C)商談率
4. (A)顕在顧客　(B)住所　(C)資料請求数

Reference　公式テキスト参照ページ

4-2-1　業種によって重視すべきポイントが異なる ………………… p.177

インフォメーション

リードジェネレーションサイトのKPIに関しては、公式テキスト「2-4-4　リードジェネレーションサイトモデルのKPI」(p.090)も併せて確認してください。

問4-6の解答：3

リードジェネレーションサイトは、見込み客である「**リード**」を獲得することが目的です。リード情報には、メールアドレスや氏名、企業名などが含まれます。リード数を増やすことを重視するのか、獲得するリードの質を重視するのかで、とるべき戦略が変わってきます。

リード数を重視する場合は、獲得件数に加えて、店舗への送客数、商談率、受注率などの「数」に注目します。一方で、リードの質を重視する場合は、獲得したリードの業種や企業規模が重要になります。

第4章

Column

リードジェネレーション戦略とその成果を確実にするためには

リードジェネレーションサイトでは見込み客（リード）を獲得することが大きな目標ですが、見込み客を獲得したあとは何をしたらよいのでしょうか。それぞれの見込み客の行動を見極め、適切なタイミングで適切なアプローチをすることが受注（成約）への一歩です。受注までの期間が長く、金額も大きいBtoBではもちろんのこと、BtoCであっても同様です。

これらをサポートするツールとして注目されているのが「**マーケティングオートメーション（MA：Marketing Automation）ツール**」です。見込み客に合わせたメールやコンテンツを提供し、見込み客がメールのリンクをクリックしたりコンテンツを訪れたりしたタイミングを見計って、さらに有益なメールやコンテンツを提供して購買意欲を高め、最適なタイミングでインサイドセールスやフィールドセールスに情報共有して購買を後押しするといったことが自動化（オートメーション）できるようになります。もちろん、MAツールを導入したからといって自然に全自動になるわけではなく、見込み客をしっかりと理解して「ペルソナ分析」「カスタマージャーニーマップ」などを設計し、それに合わせたMAの挙動（シナリオ）を検討していくことが必要です。

MAツールには、無料で使えるものから、顧客管理システム（CRM）やコンテンツ管理システム（CMS）と連携した高機能なものまで数多くあります。クラウドで手軽に始められるものもあるので、リードジェネレーションサイトの構築とともに検討するとよいでしょう。

問4-7

リードジェネレーションサイトのKPIとして、正しいものを選びなさい。

1. 購買頻度、購買回数、客単価
2. 電話、FAX、郵送での問い合わせ数
3. 広告の売上、CPC、CPM
4. ROAS

Reference　公式テキスト参照ページ

4-2-1　業種によって重視すべきポイントが異なる …… p.177
4-2-3　リードジェネレーションサイトのコンバージョンの収集 …… p.179

問4-8

インサイドセールスを説明している文章として、誤っているものを選びなさい。

1. マーケティング活動から商談機会を創造する役割である。
2. 主に顧客訪問による情報提供やコミュニケーションを行う。
3. 顧客の成功を支援し、顧客の体験を高める積極的な対応を行う。
4. リードジェネレーション領域からリードナーチャリング領域にリードを受け渡す存在である。

Reference　公式テキスト参照ページ

4-2-2　リードジェネレーションサイトの代表的な戦略 …… p.177

第4章

問4-7の解答：2

リードの中には、ウェブからの問い合わせ数だけではなく、電話やFAX、郵送での問い合わせ数なども含みます。ウェブサイトに掲載する電話番号やFAX番号、郵送先をユニークなものにし、ウェブからの問い合わせであることを計測できるようにするといった工夫をしておきましょう。

コールトラッキング方法としては、電話番号表示オプションやイベントトラッキングによる「電話ボタンのクリック数計測」、コールトラッキングシステム（電話の受発信に対して顧客の名前、住所、電話番号、過去の通話内容などの履歴情報を電話オペレーターの使用しているパソコンに表示させるシステム）などがあります。

問4-8の解答：2

インサイドセールスは、顧客を訪問する従来の営業（**フィールドセールス・アウトサイドセールス**）の対義語で、主に電話やオンラインを用いて商談を行います。

最近では、インサイドセールスによる顧客とのコミュニケーションの重要度が高くなっています。インサイドセールスの役割は、マーケティング活動から商談機会を創造することです。また、商談につなげるための情報提供をしたり、商談につながった顧客の受注率を高めるためのニーズや属性情報の収集も求められたりします。

●インサイドセールスとフィールドセールス

問4-9

「コールトラッキング」を説明している文章として、正しいものを選びなさい。

1. Google広告やYahoo!広告でも広告経由の電話コンバージョンが測定できる。
2. パソコン向けの広告からの電話コンバージョンは計測できない。
3. コールトラッキングは、コールトラッキングシステムにすべて任せるのがよい。
4. スマートフォンサイトに電話番号を表示してタップを促すことを「コールトラッキング」という。

第4章

Reference　　公式テキスト参照ページ

4-2-3　リードジェネレーションサイトのコンバージョンの収集 …………………… p.179

問4-10

次の言葉の定義について、誤っているものを選びなさい。

1. BANT情報とは、「Budget(予算)」「Authority(決裁権)」「Needs(必要性)」「Timeframe(導入時期)」の頭文字をとったものであり、この4つがあるかどうかでMQLかSQLかを判断する。
2. インバウンドマーケティングとは、ユーザーが興味を持ち、探してきた時に適切な情報を提供することで売上につなげていくマーケティング手法である。
3. 不満足率とは、サポートサイトのページに設置したアンケートなどで「役に立たなかった」と答えた率であり、改善の判断ができる。
4. アクティブユーザーモデルの「売り切りモデル」は、アプリ内に広告を表示させ、ユーザーが広告をクリック(タップ)する、もしくはアプリをダウンロードすることによって収益を得るものである。

問4-9の解答：1

スマートフォンの急速な普及によってモバイル向けの広告が成長していく中、Google広告やYahoo!広告でも広告経由での電話コンバージョンを計測できるようになりました。その他の項目の誤りは、次の点です。

2. パソコン向けの広告からの電話コンバージョンは、コールトラッキングシステムを使ったりユニークな電話番号を用いたりすれば計測可能です。
3. コールトラッキングは、自社の予算や状況に合わせて適切な方法を選択します。
4. スマートフォンサイトだけではなく、パソコンでの閲覧（通常のウェブサイト）にも対応しなければなりません。

問4-10の解答：4

「**売り切りモデル**」は一度の売り切りで収益を得る仕組みです。睡眠管理アプリといった日々の便利ツール、コンシューマーゲーム（家庭用ゲーム）の移植版、学習アプリなどに見られるモデルになります。

インフォメーション

1. は「4-2-4　リードジェネレーションのビジネス用語」（p.180）を、**2.** は「4-3-3　メディアサイトでの代表的な戦略」（p.188）を、**3.** は「4-4-3　サポートサイトのビジネス用語」（p.195）を、**4.** は「4-5-4　サブスクリプション型・都度課金型以外の収益モデル」（p.201）を、それぞれ参照してください。

問4-11

SCOTSMAN情報の項目の説明として、正しいものを選びなさい。

1. Situation：どのような条件での購入を望んでいるか
2. Timeframe：導入するとしたらいつか
3. Money：導入になった場合の規模感はどの程度か
4. Opportunity：導入するための権限はあるか

Reference　公式テキスト参照ページ

4-2-4　リードジェネレーションのビジネス用語 ……… p.180

問4-12

単体のメディアを中心に展開戦略を進める場合のメリットを説明している文章として、正しいものを選びなさい。

1. 幅広いチャネルやターゲットを狙うことができる。
2. 集客施策が集中できるため、効率的にPV数やMAUを稼ぐことができる。
3. 集客手段はSEOのみでよい。
4. メディアの視聴者が、一定規模を超えても増え続ける。

Reference　公式テキスト参照ページ

4-3-1　メディアの事業内容と販売戦略 ……… p.182

問4-11の解答：2

SCOTSMAN情報は、BANT情報よりも詳細に顧客の状況を判断するための項目（情報）になります。

- **Situation（立場）**：企業における担当者の立場・役職
- **Competitors（競合）**：担当者が自社以外に比較している製品
- **Opportunity（条件）**：どのような条件での購入を望んでいるか
- **Timeframe（導入時期）**：導入するとしたらいつか
- **Size（規模）**：導入になった場合の規模感はどの程度か
- **Money（金額・予算）**：予算として確保している金額はどの程度か
- **Authority（決裁権・権限）**：導入するための権限はあるか
- **Needs（必要性・要望）**：どのくらいの必要性があるか

これらの頭文字をとって、「SCOTSMAN」と呼ばれています。

問4-12の解答：2

単体のメディアを中心に展開戦略を進める場合、SNSでの告知やSEOなどは、すべてそのメディアへの集客となります。一点集中の集客施策となるため、媒体として効率的にPV数やMAUを増やせます。

しかし、幅広いチャネルやターゲットを狙うことが難しくなるため、ターゲットユーザーが自然に増える状況ではないならば、メディアの視聴者も一定規模で頭打ちになりがちです。

インフォメーション

マルチチャネルの展開を進める場合は、オフラインやオンラインでそれぞれターゲットとコンテンツを最適化することや、複数のチャネルを活用したエンゲージメントを高める戦略を採ります。そのため、集客数を増やし、PV数やMAUを短期間に伸ばすことも可能です。ただし、複数媒体にターゲットが分散するため、1媒体あたりの読者数は少なくなったり、運用や広告配信も複雑で困難になったりする可能性があります。

問4-13

プロダクトやサービスの理解を深めることを目的にメディアサイトを運営している場合、ツールとKPIの組み合わせについて、誤っているものを選びなさい。

1. YouTube アナリティクス、動画の再生時間
2. Google アナリティクス、リピーター率
3. Google タグマネージャ、PDF ファイルのダウンロード数
4. Google アナリティクス、スクロール到達率

Reference　公式テキスト参照ページ

4-3-2　メディアのコンバージョン解析の設計 ……………… p.183

問4-14

次の文章の空欄に入る語句の正しい組み合わせを選びなさい。

インバウンドマーケティングとは、有益な情報を提供することでユーザーが(A)を持ち、購買などの(B)につなげる手法である。企業からユーザーにメッセージを届ける(C)ではなく、ニーズが顕在化しているユーザーを惹き付ける(D)の手法である。

1. (A)ファン　(B)行動　(C)プル型　(D)プッシュ型
2. (A)興味　(B)コンバージョン　(C)プル型　(D)プッシュ型
3. (A)興味　(B)コンバージョン　(C)プッシュ型　(D)プル型
4. (A)ファン　(B)行動　(C)プッシュ型　(D)プル型

Reference　公式テキスト参照ページ

4-3-3　メディアサイトでの代表的な戦略 ……………… p.188

第4章

問4-13の解答：3

プロダクトやサービスの理解を深めるには、再来訪を促し、テキストだけではなく動画などのコンテンツの閲覧や、PDFファイルのダウンロードにつなげていくことが重要です。これらを計測するシステムとして、Googleアナリティクスや YouTubeアナリティクスを活用します。

Googleタグマネージャでイベントトラッキング設定はできますが、データ自体はGoogleアナリティクスに記録されます。

インフォメーション

YouTubeアナリティクスについては、「5-7-2　動画における露出効果」（p.244）などを参照してください。

問4-14の解答：3

問題文を解答で埋めると、次のようになります。

> インバウンドマーケティングとは、有益な情報を提供することでユーザーが**興味**を持ち、購買などの**コンバージョン**につなげる手法である。企業からユーザーにメッセージを届ける**プッシュ型**ではなく、ニーズが顕在化しているユーザーを惹き付ける**プル型**の手法である。

インバウンドマーケティングとは、従来の広告やメールによるプッシュ型の配信中心だった従来のマーケティング（アウトバウンド）に対し、ユーザーが興味を持ち、探してきたときに適切な情報を提供することで売上につなげていくマーケティング手法です。

その意味では、BtoBだけではなくBtoCにも当てはまり、イーコマースやアクティブユーザー型のビジネスモデルでも応用できる考え方です。

問4-15

次の文章の空欄に入る語句の正しい組み合わせを選びなさい。

近年、マーケティングの重要な役割として(A)を高めるサポートが重要になってきている。サポートサイトは、重要な企業の(B)のチャネルと考え、いかに効率的に(A)を高め、かつ(C)を下げるかが戦略の中心となる。

1. (A)購買意欲　(B)セールス　(C)販売コスト
2. (A)顧客満足度　(B)セールス　(C)対応コスト
3. (A)顧客満足度　(B)ブランディング　(C)対応コスト
4. (A)購買意欲　(B)マーケティング　(C)販売コスト

Reference　公式テキスト参照ページ

4-4-1　サポートサイトの戦略 …… p.190

問4-16

サポートサイトにおける対応についての説明の中から、誤っているものを選びなさい。

1. FAQとは、「よくある質問」「Q&A集」のことで、ユーザーから頻繁に問い合わせがある質問に対する回答をまとめたものである。
2. サポートコミュニティは、ユーザーによる迅速な対応と交流の活性化が期待できる一方で、「サポート内容が間違っている」「ユーザー間のトラブルが発生する」といったリスクもある。
3. サポート率とは、サポートサイトのページのセッションのうち、ページ内のアンケートなどで「役に立った」と答えた率である。
4. チャットボットを使うと、顧客満足度は上がるが、対応コストは高くなる。

Reference　公式テキスト参照ページ

4-4-3　サポートサイトのビジネス用語 …… p.195

問4-15の解答：3

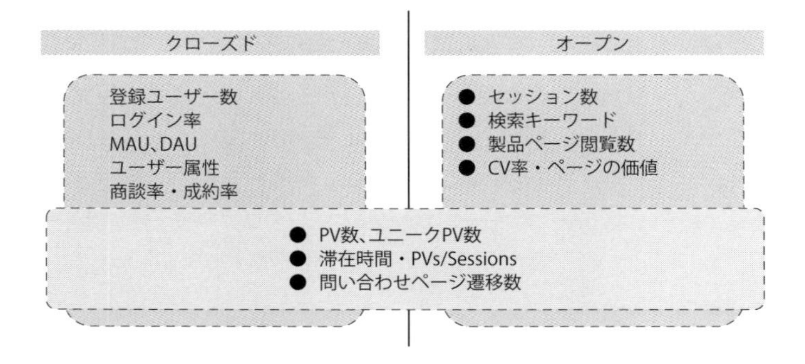

●サポートサイトの戦略マップ

サポートの重要な役割は、顧客満足度を高めることにあります。そのためのチャネルとして、サポートサイトは企業のブランディングに大きく貢献します。

また、サポートにかかるコストをいかに下げるかが戦略の中心となります。

問4-16の解答：4

サポートサイトでは、チャットを設けてサポートを行うケースがありますが、この場合、顧客満足度は上がりますが、対応コストは高くなります。そこで、ユーザーが入力した質問項目について、データベース内にあれば自動応答する仕組みである**チャットボット**を利用し、一般的な質問を自動回答にすると、対応コストの削減が期待できます。

インフォメーション

サポートサイトで使われる特徴的な用語に「不満足率」があります。サポートサイトのページ内のアンケートなどで「役に立たなかった」と答えた率です。そのページの内容の改善などが必要になります。「不満足率＝（不満足な回答数÷回答数）×100」で算出します。

問4-17

次の文章の空欄に入る語句の正しい組み合わせを選びなさい。

潜在顧客への情報提供をコンバージョンに設定する場合、Google アナリティクスであれば、(A)を作成し、(B)ページを経由して(C)ページを閲覧したセッションと、(C)ページを経由して(B)ページを閲覧したセッションを(D)で作成する。そして、その増減で貢献度を判断するとよい。

1. (A)シークエンス (B)サポート
   (C)製品情報 (D)アドバンスドセグメント
2. (A)アドバンスドセグメント (B)サポート
   (C)製品情報 (D)シークエンス
3. (A)シークエンス (B)トップ
   (C)サポート (D)アドバンスドセグメント
4. (A)アドバンスドセグメント (B)トップ
   (C)サポート (D)シークエンス

Reference 公式テキスト参照ページ

4-4-2 サポートサイトのコンバージョン解析の設計 …… p.190

第4章

ヒント

サポートサイトの目的は、次の3つです。

・潜在客や見込み客への情報提供

・顧客の問題解決

・サポートコストを削減

問4-17の解答：1

サポートサイトに来訪する潜在・見込み客のニーズを把握するには、Google アナリティクスで次のような「アドバンスドセグメント」を作成し、行動分析を行います。

- サポートページを経由して製品情報ページを閲覧するユーザー
- その逆の製品情報ページを経由してサポートページを閲覧するユーザー

その際、「**シークエンス**」を用いることで効率的に行動を分析できます。

Column

BtoBサイトでは、Cookieよりもメールアドレスのほうが重要？

BtoB（Business to Business）サイトでは、オフィスの引越しや、回線サービス、インフラサービスなどに代表される、法人向けサービスのリード（見込み客）を集めることを目的としているものが多くあります。そのようなサービスは、個人の決済とは異なり、法人で稟議を承認する必要があるなど、決済までに時間がかかることが多く、検索連動型広告やCookieベースのリマーケティング広告だけで、現場から決裁者まで説得して成約まで進むことは非常に稀です。

そこで、最近はサービスの説明資料や、成功事例をホワイトペーパー化し、メールアドレスと社名、担当者名を入れるだけでダウンロードできる簡易フォームを作り、見込みとなる顧客の担当者のメールアドレスをサイト上で収集し、その情報をもとに担当者にアポイントを取る**インサイドセールス**へとつなげるという仕組みが主流となりつつあります。

最近では、多くの企業で、先にも紹介した「**MA（マーケティングオートメーション）**」と呼ばれるマーケティング支援ツールが導入されています。MAツールでは、ホワイトペーパーを登録するページを作成したり、資料をダウンロードしたユーザーに送るHTMLメールをテンプレートから作成したり、そのメールを開封したユーザーをスコアリングするなどして、商材に対する確度の高いユーザーを見極めることができるようになっています。また、マーケティングとセールスの情報をスムーズに共有することができます。

Cookieに対する規制が今後も強くなっていくことが予想される中、ユーザーの意思で情報の提供を促す仕組みをサイト上に設計することが、ますます重要になってくるでしょう。

問4-18

次の文章の空欄に入る語句の正しい組み合わせを選びなさい。

アクティブユーザーモデルの直接的な目的は、ユーザーに長い期間利用してもらい、(A)や(B)の割合を増やすことである。間接的な目的としては、関心のあるユーザーや(C)を集め続けつつ、ユーザーの関心をつなぎ留め、(D)を高めていけるかも重要である。

1. (A)有料会員　(B)課金額　(C)コアユーザー　(D)クチコミ
2. (A)無料会員　(B)有料会員　(C)コアユーザー　(D)評価
3. (A)有料会員　(B)課金人数　(C)アクティブユーザー　(D)満足度
4. (A)無料会員　(B)プレイ時間　(C)アクティブユーザー　(D)課金額

Reference　公式テキスト参照ページ

4-5　アクティブユーザーモデルに関わるビジネスの理解 ………………………… p.197

インフォメーション

アクティブユーザーモデルの収入源としては、「サブスクリプション型」と「都度課金型」という2つがあります。

問4-18の解答：3

アクティブユーザーモデルでは、有料会員や課金人数の割合を増やすことが直接的な目的です。そのために、アクティブユーザーを集め続け、ユーザーの関心をつなぎ留め、満足度を高めていけるかが重要となります。

アクティブユーザーモデルでは、次の2つの軸に分けることが可能です。

- **収入源**：定期課金を主な収益源とするか、アイテム購入などのスポット課金を主な収入源とするか（ハイブリッド型も選択肢の1つ）
- **サービス**：ビジネスやライフスタイルに役立つ実務的なサービス、ゲームや娯楽コンテンツとして楽しむエンターテイメントサービス

この2つを縦軸と横軸に取り、自社のサービスがどこに位置するかによって、とるべき戦略が異なってきます。

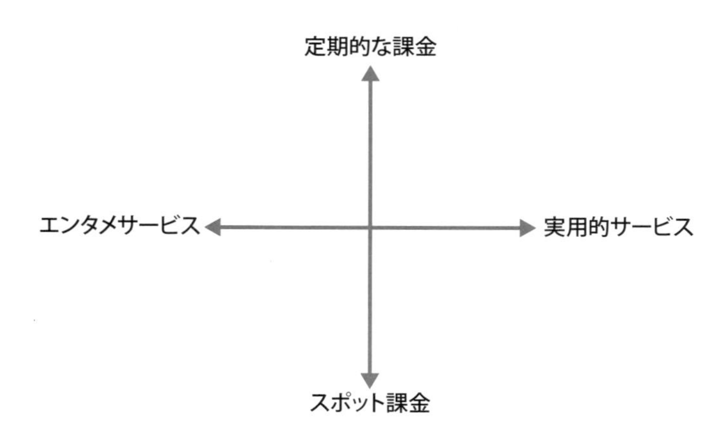

●アクティブユーザーモデルの2つの軸

問4-19

スマートフォンアプリのコンバージョン設定について、次の文章の空欄に入る語句の正しい組み合わせを選びなさい。

ダウンロード数は（A）、（B）などから確認を行い、アクティブユーザー数、アプリ内課金情報、エンゲージメント、スクリーン遷移情報などは（C）をアプリに組み込むことで測定を行う。

1. （A）App Store　（B）Google アナリティクス　（C）SDK
2. （A）App Store Connect　（B）Google Play Console　（C）SDK
3. （A）iTunes Connect　（B）Google Play Console　（C）トラッキングコード
4. （A）App Store　（B）Google アナリティクス　（C）トラッキングコード

Reference　公式テキスト参照ページ

4-5-1　アクティブユーザーモデルのコンバージョン解析の設計 ……………………… p.197

Column

アクティブユーザーモデルの重要性

以前は、ショッピングモールやメディアを運営している企業は経営指標としてPV数を提示していましたが、最近のネット系の上場企業などの目論見書や決算資料ではMAUやDAUに基づく説明が増えています。このような時代に、サブスクリプションを中心とする企業では、アクティブユーザー数を測定することがとても大事になっています。

そこで、ウェブ解析士として理解しておくべきこととしてアクティブユーザーモデルが加わりました。公式テキストでも複数の項目でアクティブユーザーモデルについて触れているので、よく読んで理解してください。

なお、『MBAより簡単で英語より大切な決算を読む習慣』（シバタナオキ 著／日経BP 社 刊／ ISBN978-4-8222-5527-5）では、Fintechや広告ビジネスなどの新しいビジネスモデルの決算書の読み方を紹介しており、アクティブユーザー数の測定がとても重要であることがわかります。

問4-19の解答：2

問題文を解答で埋めると、次のようになります。

ダウンロード数は**App Store Connect**、**Google Play Console**などから確認を行い、アクティブユーザー数、アプリ内課金情報、エンゲージメント、スクリーン遷移情報などは**SDK**をアプリに組み込むことで測定を行う。

スマートフォンでのコンバージョンの測定は、ウェブサイトとはかなり異なっています。ウェブサイト上の加入申し込みやサービスやコンテンツ購入では、申し込み完了や購入完了ページなどが表示されたことでコンバージョンとします。

スマートフォンアプリでのコンバージョンは、アプリをまずダウンロードしてもらわなければならないので、「ダウンロード数」も重要な指標になります。その上で、アクティブユーザー数、アプリ内での課金、特定のスクリーンに遷移したかなども指標として計測します。

例えば、iPhoneは「App Store Connect」内の「App Analytics」という機能を通して測定が可能です。Appユニット数、インストール数として測定できます。

スクリーン遷移情報などはSDK（Software Development Kit：ソフトウェア開発キット）をアプリに組み込むことで測定を行います。

問4-20

サブスクリプション型および都度課金型の説明について、正しいものを選びなさい。

1. 都度課金型では、サービスの課金は利用サービスのランク（コース）に基づく一定額の請求が基本である。また、課金ユーザーのランクを上げること、解約（チャーン）を防ぐことが重要である。
2. サブスクリプション型では、サービス内のイベントやキャンペーンを通して、未課金ユーザーへの初課金またはアクティブユーザーへの再購入を促す施策が重要である。
3. 利用する目的が会計や健康管理などの実務的なサービスでは、ほかの人に役に立てるといった優越感を醸成する取り組みが鍵になる。
4. エンターテイメントなサービスでは、サービスの魅力を磨き続けるとともに、課金した人に成長を実感させせることが必要である。

Reference　公式テキスト参照ページ

4-5-2 「サブスクリプション型」「都度課金型」の事業内容と販売戦略 ･･････････････ P.198

第4章

インフォメーション

サブスクリプション型のコンバージョンは、サービスの利用申し込みの時点で課金が行われるので、「利用申し込み」になります。都度課金型は、商品やサービス、アイテムなどを購入したタイミングで課金となるため、「商品やサービスの購入」がコンバージョンとなります。

問4-20の解答：4

ゲームなどのエンターテイメントなサービスでは、サブスクリプションそのものの娯楽性が重要となります。つまり、お金を使った結果として、キャラクターが強くなったりレアアイテムが手に入ったりと、メリットが明確になることが重要です。

なお、**1.** 〜 **3.** の正しい説明は、次のようになります。

1. **サブスクリプション型**では、サービスの課金は利用サービスのランク（コース）に基づく一定額の請求が基本である。また、課金ユーザーのランクを上げること、解約（チャーン）を防ぐことが重要である。

2. **都度課金型**では、サービス内のイベントやキャンペーンを通して、未課金ユーザーへの初課金またはアクティブユーザーへの再購入を促す施策が重要である。

3. 利用する目的が会計や健康管理などの実務的なサービスでは、**セミナーや勉強会など、実務や生活で利用できるためのコンテンツの提供**がカギになります。

第4章

Column

サブスクリプション型・都度課金型以外の収益モデル

アクティブユーザーモデルには、サブスクリプション型・都度課金型以外にも、「売り切り型」「使い放題型」「アプリ内広告型」という3つの収益モデルがあります。

それぞれの概要は、次のとおりです。

・売り切り型

一度の販売や課金で収益を得る仕組みです。スマートフォンアプリであれば、便利ツール、コンシューマーゲーム（家庭用ゲーム）の移植、学習アプリなどが該当します。基本的なサービスや製品は無料で提供し、さらに高度な機能や特別な機能については料金を課金する「フリーミアムモデル」という手法がよく使われます。

・使い放題型

通信キャリアの月額定額サービスに参加すると無料で利用できる仕組みです。通信キャリアが、月々の料金と合わせて一括で集金し、アクティブユーザー数でその金額を割った額が収益となります。基本的にはAndroidアプリの対応です。

・アプリ内広告型

アプリ内に広告を表示させ、ユーザーが広告をクリック（タップ）したり、アプリをダウンロードしたりすることによって収益を得る仕組みで、多くのアプリに実装されています。メーカー側アドネットワーク（ウェブサイトなど複数のウェブ広告媒体を集めて広告配信ネットワークを作り、それらの媒体に広告をまとめて配信する仕組み）を使うことが一般的ですが、どのアドネットワークを利用するかが重要です。

問4-21

次のような状況の場合に、とるべき行動として誤っているものを選びなさい。

ゲームアプリのリリースから約2カ月が経ち、今のところは順調にダウンロードされ、売上も伸びている。サービスを継続していくため、指標や施策について検討している。

1. 新規と既存の「継続率」が維持できていることを確認する。
2. 「DAU ／ WAU ／ MAU」を見て、継続してサービスが利用されているかを確認する。
3. 「課金額」を見て、単月あたりの売上が純増していることを確認する。
4. 「ARPPU」を見て、アクティブなユーザーがどの程度課金しているかを確認する。

Reference　　公式テキスト参照ページ

4-5-3　ビジネスのフェーズごとの対策 ………… p.199

問4-22

アクティブユーザーモデルのアプリ内課金モデルにおいて、各フェーズにおいて特に重要なKPIとして誤っているものを選びなさい。

1. リリースフェーズ：継続率
2. 初期フェーズ：継続率・DAU ／ WAU ／ MAU
3. 中期フェーズ：継続率・WAU ／ MAU・課金率
4. 後期フェーズ：MAU・チャーン率・ARPPU・課金率

Reference　　公式テキスト参照ページ

4-5-3　ビジネスのフェーズごとの対策 ………… p.199

問4-21の解答：3

リリースしてから2～6カ月くらいの時期は、「初期」に当たります。この時期では、サービスを継続するか否か、今後も成長するか否かを判断します。例えば、売上は伸びていなくても、ほかの指標がよい場合はプロモーションを改めるなどの議論が必要です。

多くの場合、リリース当初は継続率が高いものの、すぐに下がってきて、あるところで横ばいになるので、この横ばいの値がどれくらいになるのかが、サービスを続けるか否かを判断する上で重要になります。また、人を集め続けられているかという意味でDAU／WAU／MAUが大切で、サービスとしての売上のポテンシャルを測るためのARPPUも重要な指標となります。

問4-22の解答：3

中期フェーズは、「継続率」以上に「アクティブユーザー」「課金」「離脱」に関する各指標のいずれかで課題が発見されることが多い段階です。したがって、どれかが特に重要というわけではなく、どの指標も同様に重要です。

特に改善が難しいのは「課金人数」や「課金率」で、「ARPPU」と比較して向上させる難易度が相対的に高くなります。

このあとの後期の段階では、サービスを離脱する人数や割合は大きく変わらず、継続率も一定の水準で推移します。したがって、「WAU／MAU」を確認しながら「チャーン率」の改善に取り組みます。

また、新たな機能やコンテンツを追加しないと、新規人数を増やすのが難しくなるため、中期のときよりも長いスパン（月～四半期単位）で課題の芽を発見し、新機能の投入や大きな機能改善などに取り組みます。

第５章
露出効果の解析

本章の範囲からは、自社サイト以外のメディアにおける露出効果の種類と解析について出題されます。

第5章

問5-1

次の文章の空欄に当てはまる正しい組み合わせを選びなさい。

ウェブページ上に広告を表示している場合、ページビュー数とインプレッション数は異なります。ページビュー数は測定対象の(A)を示すのに対して、インプレッション数は測定対象の(B)を示します。

1. (A)広告を表示した回数　(B)ページを表示した回数
2. (A)ページを表示した回数　(B)広告をクリックした回数
3. (A)ページを表示した回数　(B)広告を表示した回数
4. (A)広告を表示した回数　(B)広告をクリックした回数

Reference　公式テキスト参照ページ

5-1-1　広告の露出効果の測定方法 ………… p.204

ヒント

広告の露出数としては、「インプレッション」が使われます。ページビューとインプレッションの違いを理解しておきましょう。

問5-1の解答：3

問題文を解答で埋めると、次のようになります。

ウェブページ上に広告を表示している場合、**ページビュー数**と**インプレッション数**は異なります。ページビュー数は測定対象の「**ページを表示した回数**」を示すのに対して、インプレッション数は測定対象の「**広告を表示した回数**」を示します。

その違いをしっかり把握しておきましょう。

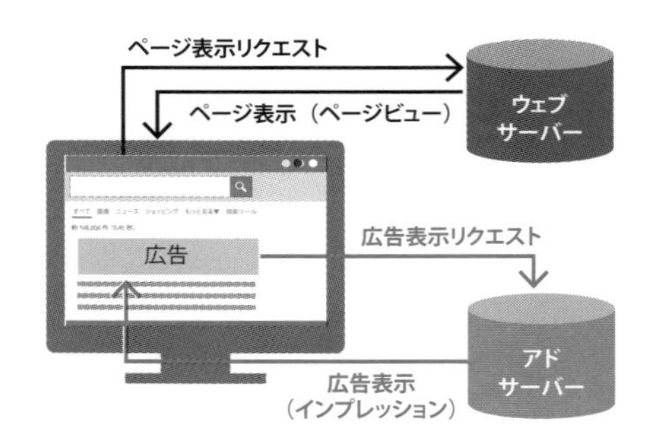

●ページビューとインプレッションの違い

Column

広告の露出効果の測定方法

広告の露出効果を示す「インプレッション数」は、アドサーバーのログによって測定しますが、次の2つの方法があります。

・リクエストベース

アドサーバーへのアドリクエスト回数をインプレッション数としてカウントする方法で、多くのアドサーバーで採用されている。

・OTS（Opportunity To See）ベース

例えば「ビーコン」（1×1ピクセル透過GIFなど）を広告に含めて配信し、アドサーバーは「ビーコン」のリクエスト回数をカウントする方法で、「よりユーザーの視聴に近いところでカウントする」という考えに基づいている。

問5-2

次に示した説明が表す用語として、正しいものを選びなさい。

広告効果に特化したソリューションでは、アドサーバーが配信する前に広告の表示を終了するとアドサーバーよりも増えたり、オウンドメディアのアクセス解析のタグが読み込まれる前にユーザーが離脱するとアクセス解析よりも増えたりすることがある。

1. 広告効果測定システム
2. 広告効果測定レポート
3. アドサーバーレポート
4. メディアレポート

Reference　　公式テキスト参照ページ

5-1-1　広告の露出効果の測定方法 …… p.204

8-1-2　ウェブ解析レポートの種類 …… p.332

第5章

インフォメーション

テレビには視聴率、ラジオには聴取率、新聞や雑誌には発行部数や閲読率といった指標があり、これらは広告効果測定にも使われますが、広告表示自体を計測する指標ではありません。インターネット広告であれば、広告(バナー画像やテキストなど)が何回表示されたかを計測します。例えば、あるウェブページを表示した際、バナーが代わるがわる表示されると、それぞれがカウントされるなど、ユーザーの広告接触をより正確に把握できます。

問5-2の解答：1

広告の効果を測定する手法としては、次の図のような方法があります。それぞれで測定タイミングと測定方法が異なるため、取得できるデータも異なります。

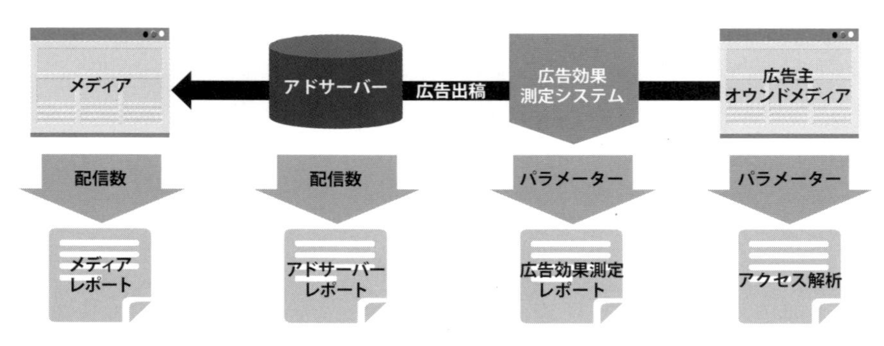

●インターネット広告の測定手法の違い

それぞれの選択肢は、次のようなものです。

1. **広告効果測定システム**：広告効果測定に特化したソリューションです。パラメーターによってカウントされた数値が、広告効果測定レポートとなります。
2. **広告効果測定レポート**：主にインターネット広告のレポートを指しますが、テレビ広告や新聞広告などを含むこともあります。インターネット広告の場合は、クリック数、セッション数、コンバージョン数などを測定します。
3. **アドサーバーレポート**：広告配信システム（アドサーバー）による、広告を配信した時点でカウントされたレポートです。
4. **メディアレポート**：メディア側による、メディアに広告を表示した時点でカウントされたレポートです。

問5-3

メールとソーシャルメディアの効果測定について、誤っているものを選びなさい。

1. メールの露出効果の測定としては、配信リストの数があり、さらに開封率という指標があるが、すべての開封を測定できるわけではない。
2. 開封率の測定はHTMLメールに測定用の画像に見せかけたソースを貼り付けることで測定する仕組みが多いため、テキスト形式のメールでないと測定できない。
3. ソーシャルメディアのクリックは、外部リンクのクリックだけではなく、いいね！などを含んでいる場合がある。
4. スマートフォンアプリからのアクセスを測定するには工夫が必要である。

第5章

Reference　　公式テキスト参照ページ

5-1-3　メールの露出効果の測定方法 ………… p.207
5-1-4　ソーシャルメディアの露出効果の測定 ………… p.207

問5-4

検索エンジンの「クローラー管理ツール」に関して、誤っているものを選びなさい。

1. Googleには「Google Search Console」、Bingには「Bing web マスターツール」がある。
2. ウェブサイトの内容を検索エンジンに知らせ、クローラーを管理するツールである。
3. 正確なウェブサイトのトラフィックを測定するツールではないため、アクセス解析の数値とは異なる。
4. すべての検索結果における検索ワードがわかる。

Reference　　公式テキスト参照ページ

5-1-2　検索エンジンの露出の測定方法 ………… p.206

問5-3の解答：2

メールの開封率を測定するには、HTMLメールに測定用の画像に見せかけたソースを貼り付けて開封したことをサーバーに知らせます。テキスト形式のメールでは不可能であり、HTMLメールでも画像をメーラーが読み込まなければ測定できません。

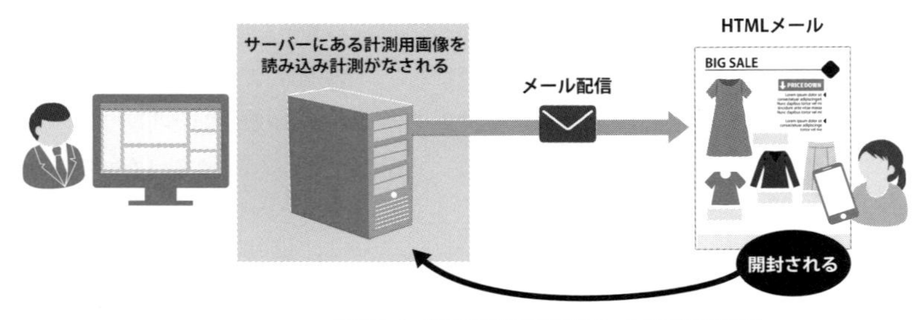

●メール開封の仕組み（HTMLメールの場合）
出典：https://www.cuenote.jp/fc/capability/open-mail.html

問5-4の解答：4

クローラー管理ツールを使うと、ある程度の検索ワード（クエリ）を確認できますが、すべての検索結果がわかるわけではありません。ただし、アクセス解析ツールでは主要な検索エンジンからのクエリを取得できなくなっているので、貴重な情報として活用できます。

「**クローラー**」とは何であるのか、その計測主体と方法を理解し、解析されたデータをどのように活用するのかをしっかりと把握しておくようにしましょう。

インフォメーション

アクセスログに記録されるクローラーの「ユーザーエージェント」は、次のようなものです。

- Google：Mozilla/5.0 (compatible; Googlebot/2.1; +http://www.google.com/bot.html)
- Yahoo!：Mozilla/5.0 (compatible; Yahoo! Slurp; http://help.yahoo.com/help/us/ysearch/slurp)
- Bing：Mozilla/5.0 (compatible; bingbot/2.0; +http://www.bing.com/bingbot.htm)

問5-5

メール広告、ソーシャルメディアの測定方法に関して、誤っているものを選びなさい。

1. メール広告は、配信リストの数や開封率が指標となる。
2. メール広告の開封率は、Google アナリティクスのメジャーメントプロトコルを使えばHTML メールでなくても測定できる。
3. スマートフォンアプリを利用したソーシャルメディアからの訪問の場合、リファラーがないためにソーシャルメディアからの訪問と認識できない場合がある。
4. ソーシャルメディアにおける投稿のインプレッションは、ソーシャルメディアのアカウントの管理画面で確認できる。

Reference　公式テキスト参照ページ

5-1-3　メールの露出効果の測定方法 ………… p.207

5-1-4　ソーシャルメディアの露出効果の測定 ………… p.207

第5章

Column

メジャーメントプロトコルとは

「メジャーメントプロトコル(Measurement Protocol)」は、測定データをGoogle アナリティクスのサーバーに送信できる仕様で、JavaScriptが動作しない環境でも動作することが特徴です。

つまり、IoT などのインターネットにつながる機器であれば、ウェブブラウザーを介さずにGoogle アナリティクスにデータを送信できるわけです。

問5-5の解答：2

1. 単に配信された数ではなく、実際に読まれた（開封された）かどうかが重要です。
2. 開封率はHTMLメールでなければ取得できませんが、HTMLメールも一般的になりました。ぜひチャレンジしてみましょう。
3. スマートフォンアプリを利用したソーシャルメディアからの訪問には、リファラーがない場合があります。
4. Facebookであれば「Facebookインサイト」、Twitterであれば「Twitterアナリティクス」などがあります。

開封率は、HTMLメールのソースに画像に見せかけた測定用のソースコードを組み込み、メールを開封した時に画像が読み込まれ、開封したことをサーバーに知らせるという仕組みで測定します（p.134の解説も参照してください）。つまり、HTMLメールであることが必要で、さらにメーラーが画像を読み込まなければ測定できません。

また、ウェブサイト以外の環境からのアクセスも測定できる「メジャーメントプロトコル」については、公式テキストの「3-7-3　機器データ連携による解析の設計」（p.164）で説明していますが、実際の運用については、次に示したWeb担当者Forumの記事もお勧めです。

・メルマガの開封率も測定できる！ユニバーサルアナリティクスの「Measurement Protocolとは？」
https://webtan.impress.co.jp/e/2016/04/07/22516

問5-6

次の条件で広告出稿し、Googleアナリティクスで解析する際、最も適切なパラメーターを選びなさい。

2020年7月開催のセミナーの集客のため、Yahoo! JAPANのディスプレイ広告に出稿した。

1. https://******.jp/?utm_source=display&utm_medium=yahoo&utm_campaign=seminar202007
2. https://******.jp/?utm_source=display&utm_medium=yahoo&utm_content=seminar202007
3. https://******.jp/?utm_medium=display&utm_source=yahoo&utm_campaign=seminar202007
4. https://******.jp/?utm_medium=display&utm_source=yahoo&utm_content=seminar202007

Reference　　公式テキスト参照ページ

5-1-5　パラメーターを使ったアクセス解析 ………… p.208

第5章

Column

utm_mediumは「デフォルト チャネル」に関わる

Google アナリティクスは、主な流入元(どこから来たか)として次の4つを定義しています。

- Organic Search：自然検索で流入した場合
- Referral：外部のウェブサイトから流入した場合
- Social：ソーシャルメディアから流入した場合
- Direct：お気に入りなどから直接流入した、もしくはわからない場合

実は、この4つ以外にも「Display」「Affiliates」「Paid Search」「Email」「Other Advertising」という5つのチャネルが定義されており、utm_mediumはそれらにも設定できます。

問5-6の解答：3

外部メディアから自サイトへの誘導施策を行う際は、パラメーターを活用することで、施策ごとの分析が可能になります。

Google アナリティクスには、次のようなパラメーターが用意されています。大文字と小文字は同一視しないで分析するため、基本的には小文字に統一して書きます。

パラメーター	名称	内容	例
utm_source	リファラー（参照元）	参照元となるウェブサイトや広告を出稿している媒体	google、yahoo、facebook
utm_medium	メディア	検索連動型広告、ディスプレイ広告、オーガニック検索などの種類	cpc、email、display
utm_campaign	キャンペーン名	広告のキャンペーン名称	2020seminar、202001mail
utm_term	キーワード	検索連動型広告で設定しているキーワード	waca、web_analytics
utm_content	コンテンツ名	広告のクリエイティブを変えた場合のコンテンツの名称	banner1、banner2

パラメーターは「&」でつなげることができるので、**Adobe Analytics**や**Matomo**などの複数のアクセス解析ツールに対応したり、広告効果測定ツールと連携したりすることも可能です。

Column

「広告からの流入」や「QRコードからの流入」は何に分類される？

検索連動型広告からの流入としてutm_mediumに「cpc」や「ppc」などを設定すると「Paid Search」というチャネルグループに、ディスプレイ広告からの流入として「display」や「banner」などを設定すると「Display」というチャネルグループに分類されます。

なお、QRコードからの流入は、「utm_medium=qrcode」とすると、「(other)」に分類されます。

問5-7

広告に期待する効果と指標について、正しいものを選びなさい。

1. 商品を認知してもらえるように、レスポンス効果を得るための動画広告を配信し、再生回数を最重要指標とする。
2. 商品に好意を持ってもらえるように、インプレッション効果のためにSNS広告を出稿し、インプレッション数を最重要指標とする。
3. 商品を理解してもらえるように、トラフィック効果のためにターゲティング広告を配信し、コンバージョンを最重要指標とする。
4. 商品を購入してもらえるように、レスポンス効果のためにリスティング広告を出稿し、CPCを最重要指標とする。

Reference　　公式テキスト参照ページ

5-2-1　広告の目的から効果・指標を考える …… p.209

問5-8

広告のターゲット設定について、誤っているものを選びなさい。

1. 「リターゲティング」とは、ユーザーの興味・関心でターゲットを設定する方法で、媒体の持つユーザー行動履歴などをもとに設定する。
2. 「ユーザー属性でのターゲティング」とは、ユーザーの性別・年齢・家族構成・年収などでターゲットを設定する方法である。
3. 「ユーザー環境でのターゲティング」とは、ユーザーの現在地、使っているデバイスやOS、使っているネットワークなどでターゲットを設定する方法である。
4. 「コンテンツターゲット」は、ウェブサイトやアプリのコンテンツ内容に合わせてターゲットを設定する方法である。

Reference　　公式テキスト参照ページ

5-2-2　ターゲット設定による露出の管理 …… p.209

問5-7の解答：2

広告配信を行う際は、その目的と期待する効果、見るべき指標をきちんと整理しておきましょう。

●広告に期待する効果と指標

効果	意味	指標
インプレッション効果	広告を見たユーザーが、商品やブランドを認知したり、好意を抱いたりすることで、その後の消費行動に影響を及ぼす間接的な効果	インプレッション、動画再生数、エンゲージメント
トラフィック効果	広告を見せて、サイトやランディングページに誘導する効果	クリック、CPC
レスポンス効果	広告を見たユーザーが、資料請求や申し込み、商品購入を行うなど、直接的な行動を促す効果	CV、CPA、売上、ROAS

第5章

問5-8の解答：1

広告を効果的に露出するには、ターゲットを絞って配信する必要があります。ターゲットの設定方法としては「**コンテンツターゲット**」と「**オーディエンスターゲット**」があります。

「**リターゲティング**」は、一度自社サイトに来訪したユーザーに再来訪を促す広告手法です。

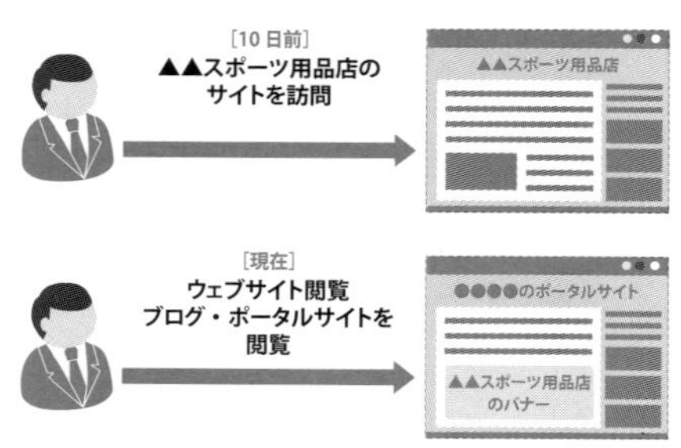

●リターゲティング広告：サイトを訪れたユーザーに対し、一定期間、提携ウェブサイトの広告枠に関連広告を表示

問5-9

「まだ接触していないが、できるだけ購買につながりやすいユーザー」をターゲティングして、Google広告の広告配信を検討しています。配信設定として最も適している条件を選びなさい。

1. アフィニティカテゴリ
2. インテントカテゴリ
3. ユーザーリスト
4. 男女・年齢・家族構成・世帯収入

Reference　公式テキスト参照ページ

5-2-4　ディスプレイ広告 ………………………………… p.210

第5章

問5-10

各ソーシャルメディアにおける広告配信に関して、正しいものを選びなさい。

1. **Facebook広告**は、FacebookだけではなくInstagramにも広告を配信でき、ハッシュタグを活用した広告展開も可能である。
2. **Instagram広告**では、ハッシュタグの検索結果にも広告が表示されるため、検索ユーザー獲得を目的にInstagram広告を活用できる。
3. **Twitter広告**の「オートプロモート」は従量課金であるため、しっかりとしたターゲティングで無駄な露出を減らすようにする。
4. **LINE広告(旧LINE Ads Platform)**では、ユーザーの性別・年齢・地域といったデモグラフィックのみのセグメント設定が可能である。

Reference　公式テキスト参照ページ

5-2-5　ソーシャルメディア広告 ………………………………… p.212

問5-9の解答：2

Google 広告のオーディエンスターゲティングは、ユーザーに合わせて広告配信を制御する方法です。**アフィニティカテゴリ**は関心が高い層、**インテントカテゴリ**は購買意欲が高い層を指します。

●Google 広告のオーディエンスターゲティング

オーディエンス選択の種類	詳細
ユーザーの興味・関心・習慣	テクノロジーやスポーツなど（**アフィニティカテゴリ**）から、ユーザーの興味・関心・習慣で制御する
ユーザーが積極的に調べている情報や計画しているプラン	アパレル・アクセサリーなど（**インテントカテゴリ**）や使っているキーワードから、購買意欲の高いユーザーに広告を表示する
ユーザーがお客さまのビジネスを利用した方法	ウェブサイトの訪問や自社のYouTube チャネルを閲覧したユーザーなどを組み合わせてリストにし（**ユーザーリスト**）、広告を表示する
ユーザー属性	男女・年齢・家族構成・世帯収入により広告配信を制御する

第5章

問5-10の解答：1

1. Facebook広告は、Facebook MessengerやInstagramも配信範囲となっており、画像広告や動画広告、ストーリーズ広告などが利用できます。また、ハッシュタグを活用した広告展開も可能です。ハッシュタグは積極的に活用しましょう。
2. Instagram広告では、ハッシュタグの検索結果に広告は表示されません。
3. Twitter広告の「オートプロモート」は、固定課金で、運用がいらないキャンペーンです。毎日最初の10ツイート（クオリティフィルターを通過したもの）がプロモツイートキャンペーンに追加され、対象のオーディエンスに配信されます。
4. LINE広告（旧LINE Ads Platform）は、デモグラフィックによるセグメントのほか、自社の顧客データをアップロードすることで、それに類似するユーザーに向けた配信（類似セグメント）も可能です。

ソーシャルメディア広告は、メディアごとに特徴があるので、事業や施策の目的によって、メディアを使い分けましょう。

問5-11

広告効果指標の計算について、誤っているものを選びなさい。

1. インプレッションが100万件、クリック数が1,000件、広告費用が100,000円の場合、CPMは100円である。
2. インプレッションが100万件、コンバージョンが10件、広告費用が100,000円の場合、CPAは10,000円である。
3. インプレッションが100万件、クリック数が1,000件、コンバージョンが5件の場合、CTCは0.5%である。
4. 売上が100万円、広告費用が40万円の場合、ROASは150%である。

Reference　　公式テキスト参照ページ

5-3-1　広告効果改善に関わる指標 …… p.222

Column

頻出計算指標の覚え方

計算指標では、「○○率」と「○○単価」の2つが多く使われます。

・率(○○R＝○○Rate)

率は、CTR(クリック率)、CVR(コンバージョン率)などのように、最後に「R」が付くことが特徴です。「CVR＝コンバージョン数÷クリック数」「CTR＝クリック数÷表示回数」などのように、小さい数字を大きい数字で割ることが一般的です。

・単価(CP○＝Cost Per ○)

単価は、CPC(クリック単価)、CPA(コンバージョン単価)などのように、「CP」が先頭に付くことが特徴です。「CPC＝コスト÷クリック数」「CPA＝コスト÷コンバージョン数」などのように、コストを単価で出したい対象指標で割ることが一般的です。「CPM＝(コスト÷表示回数)×1,000」のような例外はありますが、CPMが「Cost Per Mille(Mille＝千)」の略語であることを理解しておきましょう。

これら以外の計算のもとになる数字としては、表示回数、クリック数、ページビュー数、コンバージョン数などがありますが、ユーザーがサイトに流入してコンバージョンをするまでの行動を集約したものと理解するとよいでしょう。つまり、広告の場合は「表示回数＞クリック数＞コンバージョン数」の順で小さくなっていきます。

問5-11の解答：4

1. **CPM**は「Cost Per Mille」の略で、広告表示1,000回あたりにかかる費用のことです。

CPM　＝広告費用（円）÷インプレッション数×1,000

＝100,000円÷1,000,000×1,000

＝100円

2. **CPA**は「Cost Per Acquisition」の略で、獲得1件あたりの広告費用のことです。

CPA　＝広告費用（円）÷コンバージョン数

＝100,000円÷10

＝10,000円

3. CTCは「Click To Conversion」の略で、クリックした後でコンバージョンにつながった率のことです。

CTC　＝コンバージョン数÷クリック数×100（%）

＝5÷1,000×100

＝0.5%

4. ROASは「Return Of Ad Spend」の略で、広告の費用対効果を表します。

ROAS＝売上÷広告費用×100（%）

＝1,000,000円÷400,000円×100

＝250%

このことから、**4.**が誤っていることがわかります。

インフォメーション

「CPM」の「M」は、ローマ数字で1,000を意味する「M」、あるいはその語源であるラテン語で1,000を意味する「mille（ミル）」に由来しています。

問5-12

次に示した表は、購入完了をコンバージョンとしたサイトの1週間の広告効果測定結果である。キーワードAのCPAとして、正しいものを選びなさい。

	広告費用	インプレッション数	クリック数	コンバージョン数
キーワードA	50,000円	100,000件	5,000件	10件

1. 0.20%
2. 10円
3. 5,000円
4. 5%

Reference　公式テキスト参照ページ

5-3-1　広告効果改善に関わる指標 …… p.222

Column

指標の計算

広告効果の改善計画では、さまざまな数値が用いられ、ほかの指標から計算して出さなければならないことも多くあります。慣れないうちは、どの指標とどの指標を使えば、どの指標を算出できるのか、混乱してしまうかもしれません。素早く計算できるようになるためには、とにかく慣れることなので、自社のデータなどを使って、繰り返し練習してみてください。

問5-12の解答：3

インプレッションやクリック数などの広告の指標と費用や売上の関係は、次の図のようになっています。

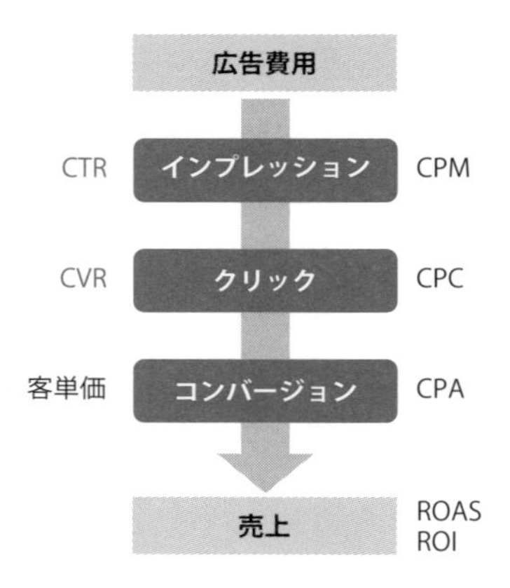

●広告の指標と費用や売上の関係

CPAは、「Cost Per Acquisition」あるいは「Cost Per Action」の略で、顧客獲得のために何らかの施策を行った際、その施策にかかった広告費用を、獲得できた成果件数で割ることで算出できます。

この問題の数字を当てはめると、次のようになります。

CPA＝広告費用÷コンバージョン数

＝50,000円÷10＝5,000円

問5-13

リードジェネレーションサイトにおける2つの広告の結果から、正しいものを選びなさい。

	広告A	広告B
セッション	80,000件	16,000件
資料請求数	800件	200件
商談数	80件	50件
契約数	20件	25件
客単価	100,000円	100,000円
CPC	40円	90円

1. 収支(売上ー費用)は広告Aのほうがよい。
2. 広告の合計収支は赤字だが、広告BのCPCを80円に下げることができれば合計収支は黒字になる。
3. 広告Aの商談率を15%にすれば、広告Aの収支は黒字になる。
4. 広告Aは、広告Bよりも売上が大きい。

Reference　公式テキスト参照ページ

4-2　リードジェネレーションサイトに関わるビジネスの理解 …… p.177
5-3-1　広告効果改善に関わる指標 …… p.222

第5章

問5-13の解答：2

設問に答えるために必要な各指標を計算すると、次の表のようになります。

	広告A	広告B	広告A 商談率改善	広告B CPC改善
セッション	80,000件	16,000件	80,000件	16,000件
資料請求数	800件	200件	800件	200件
商談数	80件	50件	120件	50件
商談率	10%	25%	15%	25%
契約数	20件	25件	30件	25件
客単価	100,000円	100,000円	100,000円	100,000円
売上	2,000,000円	2,500,000円	3,000,000円	2,500,000円
CPC	40円	90円	40円	80円
広告費	3,200,000円	1,440,000円	3,200,000円	1,280,000円
収支	△1,200,000円	1,060,000円	△200,000円	1,220,000円

1. 広告Aと広告Bでは、収支は広告Bのほうがよいことになります。

2. 現状の広告の合計収支は「－120万円＋106万円＝－14万円」と赤字になりますが、広告BのCPCを80円に下げることができれば合計収支は「－120万円＋122万円＝2万円」と黒字になります。

3. 広告Aの商談率を15%にしても、広告Aの収支は－20万円と赤字になります。

4. 広告Bのほうが、広告Aよりも売上が50万円多いことがわかります。

このことから、**2.**が正解であることがわかります。

第5章

問5-14

次に示した表の検索フレーズ別の獲得結果で、売上を100,000円にするのに最も費用対効果が高いフレーズはどれかを選びなさい。

検索フレーズ	平均掲載順位	インプレッション数	クリック数	広告コスト	コンバージョン数	売上
A	4.2	100,000件	1,200件	36,000円	3件	30,000円
B	1.3	2,000件	80件	12,000円	2件	30,000円
C	2.4	8,000件	600件	30,000円	0件	0円
D	3.7	45,000件	45件	3,600円	1件	30,000円

1. A
2. B
3. C
4. D

Reference　公式テキスト参照ページ

1-3-6　広告に関する指標 …… p.044
5-3-3　広告費用対効果の改善方法 …… p.223
5-3-4　チャネルごとの広告の指標の最適化 …… p.225

第5章

問5-14の解答：4

費用対効果が高いフレーズを探すには、売上に対する広告の費用対効果すなわち**ROAS**（Return On Advertising Spend）を算出し、最も効果が高いものに注力するのが効果的です。

つまり、インプレッション数やクリック数には関係なく、広告にかかったコストで、どれだけの売上があったかだけが焦点になります。

この場合のそれぞれのROASを算出すると、次のようになります。

A. 30,000÷36,000×100＝**83.3%**
B. 30,000÷12,000×100＝**250%**
C. 0÷30,000×100＝**0%**
D. 30,000÷3,600×100=**833.3%**

第5章

したがって、Dが最も効果が高いことがわかります。

Dの施策が圧倒的な費用対効果となっているように見えますが、ROASは「広告コストに対する売上」であることに注意しましょう。この場合だと、クリック数も少なく、広告コストが抑えられた検索フレーズで、たまたま高額なコンバージョンが1件あっただけかもしれません。また、実は、原価率の高い商品なので、広告コストが回収できていないかもしれません。それを踏まえた指標がROIで、「広告コストに対する利益」で算出します。つまり、ROASが100%を越えていても、ROIがマイナスということもあり、その場合は広告コストは利益に結び付かなかったことになります。

問5-15

メールマーケティングについて、誤っているものを選びなさい。

1. HTMLメールに画像を貼り付けることで、メールの開封を測定することも可能である。
2. メールマーケティングのCVRは「(コンバージョン数÷メール開封数)×100」で測定することが一般的である。
3. 不達メールや迷惑メールとしての通報が多い送信サーバーからの送信は、レピュテーションスコアが下がり、受信メーラーや受信システムで受信を拒否したり迷惑メールと判定されたりする場合があるので、大量のメールを配信する場合には注意が必要である。
4. リストが増えているかを把握するための指標に「リスト成長率」というものがあり、「((リスト増加数－解約数)÷リスト数)×100」で計測できる。

Reference　　公式テキスト参照ページ

5-1-3　メールの露出効果の測定方法 …… p.207
5-4-2　メールマーケティングの指標 …… p.230
5-4-5　メールマーケティングの指標による改善ポイントの確認 …… p.232

第5章

ヒント

メールの開封率測定については、p.134の解説も参考にしてください。また、レピュテーションスコアとは、メール送信サーバーの信頼度を示す指標で、送信元IPアドレスに関する「IPレピュテーション」と送信元ドメインに関する「ドメインレピュテーション」があります。

問5-15の解答：2

メールマーケティングのコンバージョン率（CVR）は、メールが迷惑メールと判断されずに受信フォルダに到達してからコンバージョンに至った数で算出します。各指標の意味を理解しておきましょう。

●メールマーケティングの主な指標

指標	説明
リスト数	配信するメールの件数
不達率（バウンス率）	送信したメールのうち、 届かなかったメールの割合
配信数	リスト数から不達数を引いた数。メールが実際にユーザーに届いた数のこと
スパム率	配信したメールのうち、迷惑メールになった割合
到達数	配信数からスパム数を引いた数。ユーザーの受信フォルダーに入った数のこと
開封率	到達したメールのうち、ユーザーが開封した割合
クリック率	開封されたメールのうち、リンクをクリックして訪問した割合
メールマーケティングのコンバージョン率	到達したメールのうち、コンバージョンに至った割合
解約率	メールの購読を解除した割合。「解約数÷リスト数」で算出する
レピュテーションスコア	送信するメールサーバーの信頼度を示す指標

つまり、メールマーケティングのCVRは、「（コンバージョン数÷到達数）×100」で求められます。ただし、CVRとしては、「（コンバージョン数÷クリック数）×100＝（コンバージョン数÷（開封数×クリック率））×100」とする場合もあるので、注意してください。

問5-16

次に示したのは、メールマーケティングの改善計画である。コンバージョン数を63件にしたいとき、(A)に当てはまる数値を選びなさい。

	現状	改善案
リスト数	100,000件	(A)
配信数	80,000件	
到達数	72,000件	
開封数	7,200件	
クリック数	720件	
コンバージョン数	36件	63件
不達率	20.00%	20.00%
スパム率	10.00%	10.00%
開封率	10.00%	10.00%
クリック率	10.00%	10.00%
コンバージョン率	5.00%	5.00%

1. 6,300,000件
2. 630,000件
3. 175,000件
4. 140,000件

Reference　公式テキスト参照ページ

5-4-4　メールマーケティングの基本的な考え方 …… p.231

第5章

問5-16の解答：3

メールマーケティングにおいても、目標値は逆算して求めます。

	現状	改善案
リスト数	100,000件	175,000件
配信数	80,000件	140,000件
到達数	72,000件	126,000件
開封数	7,200件	12,600件
クリック数	720件	1,260件
コンバージョン数	36件	63件
不達率	20.00%	20.00%
スパム率	10.00%	10.00%
開封率	10.00%	10.00%
クリック率	10.00%	10.00%
コンバージョン率	5.00%	5.00%

不達率以降の各割合はそのままであるため、次のように必要なコンバージョン数から逆算していくことでリスト数を求めます。

クリック数＝コンバージョン数÷コンバージョン率＝63÷0.05＝1,260
開封数　＝クリック数÷クリック率＝1,260÷0.10＝12,600
到達数　＝開封数÷開封率＝12,600÷0.10＝126,000
配信数　＝到達数÷(100%－スパム率)＝126,000÷(1.00－0.10)＝140,000
リスト数　＝配信数÷(100%－不達率)＝140,000÷(1.00－0.20)＝175,000

問5-17

ソーシャルメディアについて、誤っているものを選びなさい。

1. リーチとは、どれだけの人数に投稿コンテンツが届いたのかを測る指標である。
2. インプレッションは、表示された回数を指す。
3. リーチは、同一人物に表示されても数は増えない。
4. リーチを測る場合、「全投稿の露出数」は好感度を測る指標にはならない。

Reference　公式テキスト参照ページ

5-5-2　リーチとインプレッションの違い ……… p.234

問5-18

ユーザーの検索ニーズを知るための方法として、誤っているものを選びなさい。

1. 検索結果のヒット数を確認する。
2. サジェストで表示されるワードを確認する。
3. Q＆Aサイトの投稿内容を確認する。
4. アクセス解析ツールで検索ワードを確認する。

Reference　公式テキスト参照ページ

5-6-1　ユーザーニーズの調査 ……… p.237

問5-17の解答：4

リーチは投稿が表示された人数、**インプレッション**は表示された回数を指します。そのため、リーチは同一人物に表示されても数は増えません。一方、インプレッションは、同一人物も数に含めるため、投稿の閲覧者1人あたりの**フリークエンシー**にも注意する必要があります。

ソーシャルメディアの成績をレポートする際には、アカウントの投稿別に接触した数（同一ユーザーの重複をカウントする）を指す「**全投稿の露出数**」を数えるのが望ましいとされています。

インフォメーション

「フリークエンシー」については、公式テキストの「5-2-3　リーチとフリークエンシー」（p.210）も参照してください。

問5-18の解答：4

ユーザーが検索していないキーワードで上位をめざす努力をしても、トラフィックの成果につながりません。それには、何よりもユーザーニーズの有無と検索量を知ることが重要です。したがって、検索結果画面に表示されるヒット数の多さやサジェストで表示される検索ワードを調べるほかにも、Q＆Aサイトの投稿内容もニーズとして利用できます。

アクセス解析ツールで自社の流入だけ見ても、現在あるコンテンツに対する流入しか計測されていません。市場のニーズを把握するようにしましょう。

インフォメーション

検索のパフォーマンスについては、Google Search ConsoleやBing web マスターツールを使うことで、ある程度の確認をすることが可能です。詳しくは、公式テキストの「3-4　オーガニックサーチ解析の設計」（p.139）などを参照してください。

問5-19

キーワード強化に関する競合の解析について、正しいものを選びなさい。

1. コンテンツ解析ツールを使って、検索ワードに対する広告の競合性を確認する。
2. Google 広告の「キーワードプランナー」を使って、競合サイトのコンテンツ内容を解析する。
3. 該当ワードの検索結果で、競合サイトの順位やコンテンツの内容を確認する。
4. Google Search Consoleを使って、インデックス状況を確認する。

Reference 公式テキスト参照ページ

5-6-2 競合の解析 ………… p.239

第5章

インフォメーション

「Google Search Console」は、ウェブ解析業界の一部では「サチコ」という愛称で親しまれています。以前は「Google ウェブマスターツール」という名前でしたが、ウェブマスターに限らないすべてのユーザーが対象であるという方針になったため、名称が変更されました。
そのため、これらの同種のツールの総称として「ウェブマスターツール」と呼ぶこともあります。Microsoftが提供する検索エンジンのBingに対応したウェブマスターツールが「Bing web マスターツール」です。

問5-19の解答：3

ユーザーニーズの解析で見つけたキーワードを強化するときに、競合の状況を知ることは、とても重要です。

1. 「ミエルカ」などのコンテンツ解析ツールを使うと、競合サイトのコンテンツ内容を解析し、対策を検討できます。
2. Google広告の「キーワードプランナー」を使うと、検索ボリューム、競合性、季節変動、広告配信時のコスト予測が確認できます。

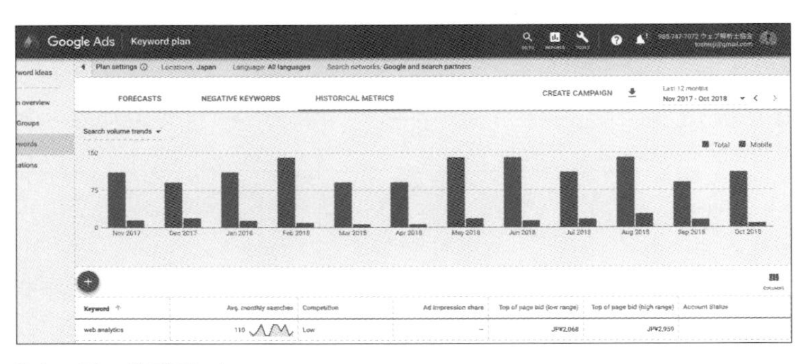

●キーワードプランナー

4. Google Search Consoleは、あくまでも自社の状況を把握するものであり、競合の状況まではわかりません。

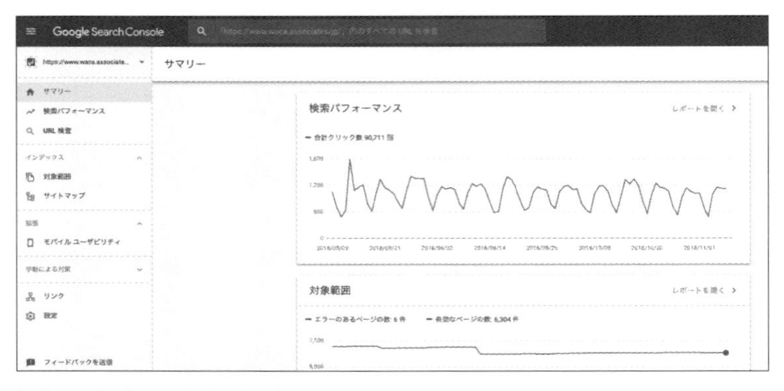

●Google Search Console

問5-20

次に示した表は、あるサイトの7月と8月のトラフィック（流入）の推移である（単位はセッション数）。この月次推移をもたらした施策と結果について、最も適切と思われるものを選びなさい。

	7月	8月
Organic Search	8,000	9,000
Referral	5,000	5,000
Direct	2,500	3,500

1. SEOの結果、検索エンジンからの流入が最も伸び率が高くなった。
2. ブログからのリンクを促した結果、ノーリファラーからの流入が大幅に増えた。
3. リスティング広告を実施した結果、検索エンジン以外からの流入が増えた。
4. コンテンツマーケティングの結果、検索エンジン流入と併せて、その後の直接流入にも効果が見られるようになった。

Reference　公式テキスト参照ページ

5-3-4　チャネルごとの広告の指標の最適化 ………… p.225
5-6　オーガニックサーチにおける露出効果 ………… p.237

第5章

問5-20の解答：4

コンテンツマーケティング施策に対する効果測定に関する問題です。

コンテンツマーケティングとは、ユーザーにとって有益な情報・コンテンツを提供することで自社の商品・サービスのファンになってもらい、購買などのコンバージョンにつなげるための手法です。メディアサイトや自社サイトで使われる手法で、コンテンツの形式は、動画やテキスト・画像・イラスト・メールマガジンなど多様で、決まった形式はありません。テレビCMなどに代表される広告と異なる点は、企業からユーザーに向けてマーケティングメッセージを届けることでニーズを想起・顕在化させる「プル型の手法」という点です。

オーガニックサーチに限らず、施策とチャネルへの影響についての関連性を理解しておくようにしましょう。

Column

インバウンドマーケティング

メディアサイトで使われる手法として「インバウンドマーケティング」もあります。広告やメールによるプッシュ型の配信中心だった従来の「アウトバウンドマーケティング」に対し、ユーザーが興味を持ち、探してきたときに適切な情報を提供することで売上につなげていくマーケティング手法です。

具体的には、次の図のようなステージに分け、ウェビナー（オンラインセミナー）やホワイトペーパーなどを提供することで、ユーザーの興味関心を高めていきます。

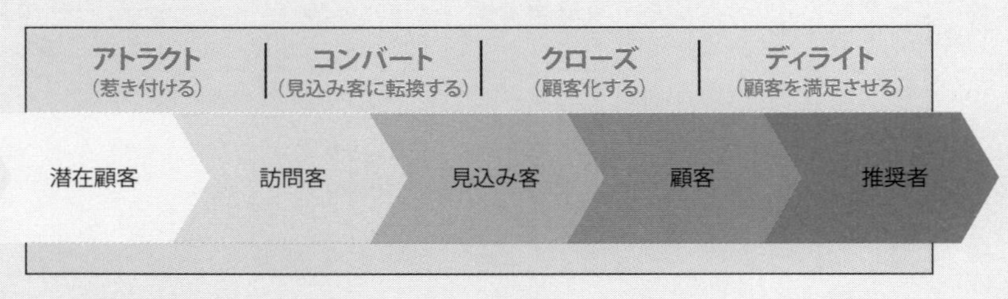

●インバウンドマーケティングの流れ

イーコマースやアクティブユーザー型のビジネスモデルでも応用できる考え方です。

問5-21

iOSにおけるApp Store Connectの「App Analytics」の効果測定について、正しいものを選びなさい。

1. CTRは、「アプリの詳細ページを見たユーザーのうち、どのくらいの割合が実際にダウンロードしたか」を示す指標である。
2. CVRは、「プロダクトページ閲覧数÷インプレッション数」で計算できる。
3. ARPUは、課金ユーザー1人あたりの平均収益を表す。
4. App内課金数は、ユーザーがアプリ内で提供されるコンテンツに最初に課金したタイミングでカウントされる。

Reference　　公式テキスト参照ページ

5-7-1　スマートフォンアプリの露出効果 …… p.241

問5-22

Facebookでの動画掲載時の指標について、空欄に入る正しい組み合わせを選びなさい。

（A）は動画についてタイムラインなどで表示した人数、（B）は動画を一瞬でも見た人数である。（C）は、動画を見て、いいね！などの反応をした人の数を指している。

1. （A）People Reached　（B）Unique Viewers　（C）Post Engagement
2. （A）Unique Viewers　（B）People Reached　（C）Post Engagement
3. （A）People Reached　（B）Post Engagement　（C）Unique Viewers
4. （A）Post Engagement　（B）People Reached　（C）Unique Viewers

Reference　　公式テキスト参照ページ

5-7-2　動画における露出効果 …… p.244

第5章

問5-21の解答：4

App Store ConnectのApp Analyticsにおいて、自分のアプリのデータから「使える」データを取り出すために、指標の意味を理解し、改善施策を検討してください。

1. **CTR（Click Through Rate）**
「プロダクトページ閲覧数÷インプレッション数」で計算される指標です。「アプリのプレビューをキーワード検索で表示したiOSユーザーのうち、どのくらいの割合が実際にクリックして詳細ページに遷移したか」という情報を示すデータです。
2. **CVR（Conversion Rate）**
「アプリのダウンロード人数÷アプリの詳細ページを見たユーザー」で計算される指標です。「どのくらいの割合が実際にダウンロードしたか」を示します。
3. **ARPU（Average Revenue Per User）**
全ユーザーを母数としたときの、1人あたりの平均収益です。課金ユーザー1人あたりの平均金額の場合は、「ARPPU（Average Revenue Per Paid User）」と呼びます。

問5-22の解答：1

Facebookに動画を掲載する際には、YouTubeのリンクを紹介するのではなく、直接アップロードすると属性情報などもわかるため、より詳細な解析が可能です。

- **People Reached**：動画についてタイムラインなどで表示した人数です。
- **Unique Viewers**：動画を一瞬でも見た人の数を指しています。
- **Post Engagement**：動画を見て、いいね！などの反応をした人の数を指しています。

第6章
エンゲージメントと間接効果

本章の範囲からは、直接的なコンバージョンを目的とせず、顧客との永続的な関係性を深めるための施策について出題されます。

問6-1

「エンゲージメント」の説明について、正しいものを選びなさい。

1. 一度ウェブサイトを訪れたユーザーに再度広告を出すこと
2. ソーシャルメディア活用も視野に入れたコンテンツマーケティングを軸とした消費者行動モデル
3. ソーシャルメディアを積極的に活用することを前提として考えられた消費者行動モデル
4. 長期的な顧客体験を通じて、関係性をよりよいものにする活動によって企業や商品・ブランドなどに対してユーザーが「愛着を持っている」状態

Reference　　公式テキスト参照ページ

6-1-1　エンゲージメントとは ………… p.252

ヒント

ソーシャルメディアが浸透した現在、なぜ「エンゲージメント」という概念が生まれたかを考えれば、難しくないはずです。

問6-1の解答：4

企業や商品・ブランドなどに対してユーザーが「愛着を持っている」状態を「**エンゲージメント**」と呼びます。

●エンゲージメントを作る

広告の手法やソーシャルメディア活用、各種フレームワークは、あくまでもエンゲージメントを高めるための手段です。

1. は、「**リターゲティング広告**」（リマーケティング広告）です。リターゲティング広告については、公式テキストの126ページの「リターゲティング広告」を参照してください。

2. は、「**DECAXモデル**」です。DECAXモデルは、電通デジタル・ホールディングスの内藤敦之氏によって考案されました。「Discovery（発見）」「Engage（関係構築）」「Check（確認）」「Action（購買）」「eXperience（体験と共有）」の頭文字を取ったものです。

3. は、「**SIPSモデル**」です。SIPSモデルは、2011年1月に佐藤尚之氏をリーダーとした電通の社内ユニット「サトナオ・オープン・ラボ」（後の電通モダン・コミュニケーション・ラボ）によって提唱されました。「Sympathize（共感する）」→「Identify（確認する）」→「Participate（参加する）」→「Share & Spread（共有・拡散する）」の頭文字をとったものです。

問6-2

エンゲージメントによる参加者の定義について、正しいものを選びなさい。

1. 「EVANGELIST」は、商品を継続的に購入し、ほかの利用を検討するユーザーにソーシャルメディアやオフラインでアドバイスする。
2. 「FAN」は、商品を購入したり、コンテンツをブログやソーシャルメディアにアップロードしたりする。
3. 「LOYAL CUSTOMER」は「参加者」の意味で、サイトに訪問したり、コンテンツを楽しんだりする。
4. 「PARTICIPANT」は、私的に商品を紹介するコミュニティを作ったりセミナーを企画したりするなど、積極的に告知を行う。また、企業に商品の改良提案をすることもある。

Reference　　公式テキスト参照ページ

6-1-2　行動モデルと評価指標 ………… p.253

第6章

インフォメーション

広告などでオウンドメディアに新規ユーザーを集めるだけでは、長期的な共感は得られません。ソーシャルメディアを中心としたユーザーとの積極的な交流によって、新規訪問者をファン化していき、エンゲージメントを高めていきます。

問6-2の解答：2

エンゲージメントによる参加者の定義では、エンゲージメントが高い順でユーザーを分類します。

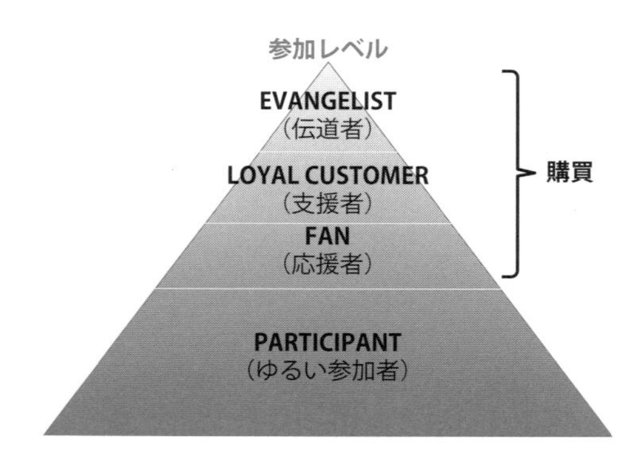

●エンゲージメントによる参加者の定義

第6章

① **EVANGELIST（伝道者）**

私的に商品を紹介するコミュニティを作ったり、セミナーを企画したりするなど、積極的に告知を行います。

② **LOYAL CUSTOMER（支援者）**

商品を継続的に購入し、ほかの利用を検討するユーザーにソーシャルメディアやオフラインでアドバイスします。

③ **FAN（応援者）**

商品を購入したり、コンテンツをブログやソーシャルメディアにアップロードしたりします。

④ **PARTICIPANT（ゆるい参加者）**

「参加者」の意味で、サイトを訪問したり、コンテンツを楽しんだりします。

問6-3

ブランドリフトとサーチリフトの説明として正しいものを選びなさい。

1. ソーシャルメディアなどでの閲覧によって商品やサービスを知り、やがて何らかの意欲が生まれた際にそのサービスを想起し、商品を探す行為を「ブランドリフト」と呼ぶ。
2. 「ブランドリフト」は、広告に接触したユーザーと接触していないユーザーを比較し、広告に接触しなかったユーザーの購買意欲がどれだけ向上しているかを測る指標である。
3. ディスプレイ広告や動画広告を見て、そのサービス名で検索したユーザーがコンバージョンすることを「サーチリフト」と呼ぶ。
4. ディスプレイ広告や動画広告配信後にどのくらい検索数が上昇したかは、効果検証が難しいので考慮しない。

問6-4

ネイティブ広告について、不適切なものを選びなさい。

1. コンテンツをさらに魅力的に訴求する広告タイトルと説明文、画像といったクリエイティブの改善が必要となる。
2. ディスプレイ広告と比べて、コンテンツとして認識されるために視認性が高く、また関心を惹くことでクリック率も高くなる傾向がある。
3. 広告としての関心を惹くビジュアルがコンテンツよりも重要となる。
4. ソーシャルメディアのタイムラインやメディアサイトの記事中・前後に表示される、コンテンツタイプの広告である。

Reference　　公式テキスト参照ページ

6-2-1　コンテンツの重要性と広告活用 …… p.258

問6-3の解答：1

「**ブランド**」は、ブランディングを目的に施策を行っていない状態であっても、日々のユーザー獲得を目的とした広告やコミュニケーションによって築かれています。

ソーシャルメディアの閲覧や検索行動によって商品やサービスを知り、やがて何らかの意欲が生まれた際にそのサービスを想起し、商品を探す行為を「**ブランドリフト**」と呼びます。

2. ブランドリフトは、広告に接触したユーザーが、接触していないユーザーと比較したときに、購買意欲がどれだけ向上しているかを測る指標になります。

3. ディスプレイ広告や動画広告を見て認知したブランドが、検索行為につながることを「**サーチリフト**」と呼びます。

4. ディスプレイ広告や動画広告配信後にどのくらい検索数が上昇したかは、サーチリフト測定によって効果検証します。

問6-4の解答：3

ネイティブ広告（**ネイティブアド**）は、メディアサイトの記事中や前後に表示される、コンテンツタイプの広告です。ディスプレイ広告と比べ、コンテンツとして認識されるため視認性が高く、また関心を惹くことでクリック率も高くなる傾向があります。

これらの特性から、広告としてのビジュアルよりも、興味を惹くコンテンツであることが重要となります。

インフォメーション

ネイティブ広告は、記事との区別がつきづらく、いわゆる「ステルスマーケティング」として実施され、あとになって広告であることがわかって騒動になることも少なくありません。そのような背景から、一般社団法人 日本インタラクティブ広告協会（JIAA）が、「ネイティブ広告に関する推奨規定」を勧告しています。参考にしてください。

- **ネイティブ広告に関する推奨規定**
  https://www.jiaa.org/gdl_siryo/gdl/native/

問6-5

インフルエンサーの活用について、不適切なものを選びなさい。

1. インフルエンサー自身が興味を持てるものであったり、ファンに関心を持たせられるサービス(商品)が望ましい。
2. 実際にインフルエンサーに商品やサービスを利用してもらうのがよい。
3. インフルエンサーにとって、彼らのブランドやスタンスに合わせて商品を取り上げることが大切である。
4. インフルエンサーに発信頻度や内容を指定するほうがよい。

Reference　公式テキスト参照ページ

6-2-2　インフルエンサーマーケティング …… p.259

問6-6

「広告の間接効果」や「アトリビューション」について、誤っているものを選びなさい。

1. 「広告の間接効果」とは、商品広告を見てサイトに来訪したものの、別の商品を購入した場合、商品広告の貢献度のことをいう。
2. 広告をクリックしたときに購入せず、後日購入したことをアシストコンバージョンという。
3. 広告をクリックしなかったとしても、広告を見たことで、あとから広告経由ではない形でコンバージョンすることをビュースルーコンバージョンという。
4. 複数の広告などを経てコンバージョンすることがあり、この貢献度を測定することをアトリビューション分析という。

Reference　公式テキスト参照ページ

6-2-3　広告の間接効果の種類 …… p.260

問6-5の解答：4

インフルエンサーとは、多くの人々の購買や行動に影響を与える個人です。適切なインフルエンサーを選定し、インフルエンサーに商品やサービスを利用してもらった上で、インフルエンサー本人の経験について紹介してもらうようにしてください。

インフルエンサーマーケティングでは、広告主の意図を指定することなく、かつ広告であることを明記する必要があります。

インフォメーション

日本以外のアジアにおけるデジタルマーケティングの中心は、インフルエンサーであるといっても過言ではありません。オウンドメディアは「マイクロサイト」なのかと思うほど小さいことも多く、Instagramでの商品販売が中心でオウンドメディアは会社案内のみというサービスも多くあります。

問6-6の解答：1

広告を見たタイミング（クリックをした、コンバージョンした）での効果を「直接効果」と呼ぶのに対して、そのタイミングでは効果はなかったものの、その後、別のタイミングで効果が発生したことを「間接効果」といいます。**1.**のような商品広告の貢献度ではありません。

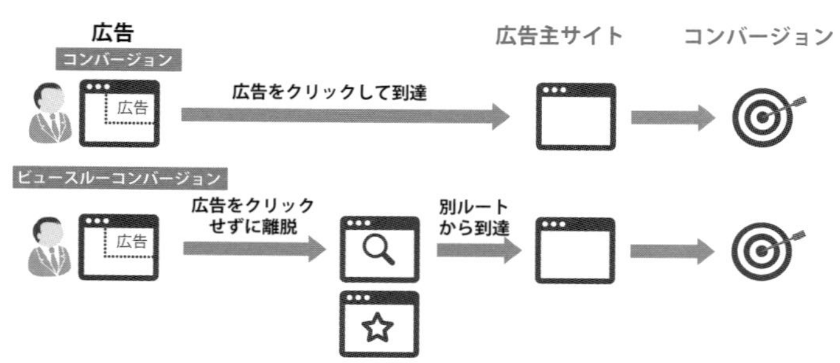

●ビュースルーコンバージョン

問6-7

広告の間接効果について、正しいものを選びなさい。

1. ビュースルーコンバージョンとは、広告をクリックしなかったとしても、広告を見たことで、後日、広告経由ではない形で行われたコンバージョンを指す。
2. 広告をクリックしてサイトに来訪して離脱したのち、別の流入からコンバージョンした場合、前の広告の貢献度を評価した指標をポストインプレッションという。
3. コンバージョンの最初に訪問したチャネルを重視するアトリビューション解析では、線形モデルを使う。
4. 広告で訪れそのままコンバージョンしたことをアトリビューション効果という。

Reference　公式テキスト参照ページ

6-2-3　広告の間接効果の種類 …… p.260

第6章

問6-8

ソーシャルメディアの4つのタイプについて、正しい組み合わせを選びなさい。

1. ソーシャルグラフ：タイムライン上で流れるようなリアルタイム性に価値のあるメディア
2. インタレストグラフ：同じ趣味志向のつながりを楽しむためのメディア
3. フロー型：過去の情報を蓄積し、いつでも閲覧できることに価値があるメディア
4. ストック型：友人とのつながりを楽しむために使われるメディア

Reference　公式テキスト参照ページ

6-3-1　ビジネスにおけるソーシャルメディアの利用方法 …… p.264

問6-7の解答：1

ビュースルーコンバージョンは、広告を見たもののクリックせず、検索などによって来訪してコンバージョンにつながったものを評価します。

2. 広告をクリックしてサイトに来訪するも離脱したのち、別の流入からコンバージョンした際に、前の広告の貢献度を評価することを「**アシストコンバージョン**」といいます。
3. コンバージョンの最初に訪問したチャネルを重視するアトリビューション解析では、**起点モデル**（ファーストクリック）を使います。
4. 広告で訪れそのままコンバージョンしたことを**ラストクリックコンバージョン**と呼びます。

問6-8の解答：2

ソーシャルメディアは、交流する相手と情報によって、次の表の4つのタイプに分けられます。

●ソーシャルメディアの4つのタイプ

タイプ	内容
ソーシャルグラフ	友人とのつながりを楽しむために使われる
インタレストグラフ	同じ趣味志向のつながりを楽しむために使われる
フロー型	タイムライン上で流れるようなリアルタイム性に価値がある
ストック型	過去の情報を蓄積し、いつでも閲覧できることに価値がある

ソーシャルメディアを活用する際は、これらのタイプ別に、向き不向きを考慮して運用していきます。

問6-9

次のような業務においてソーシャルメディアを活用する場合、最も適切な活用戦略はどれかを選びなさい。

新しい商品開発にユーザーの意見を取り入れたいので、ヒアリングに参加してくれるユーザーを探す。

1. 会話
2. 傾聴
3. 統合
4. 活性化

Reference　公式テキスト参照ページ

6-3-1　ビジネスにおけるソーシャルメディアの利用方法 ………………………… p.264

問6-10

次の文章の空欄に当てはまるものを選びなさい。

エンゲージメント率の計算では、分母に(A)を用いることが一般的である。そのため、ファン数が8,000人、投稿のリーチ数が10,000件、いいね数が100件、クリック数が80件、コメントが10件、シェアが50件の場合、エンゲージメント率は(B)となる。

1. (A)ファン数　(B)3.0%
2. (A)リーチ数　(B)2.4%
3. (A)ファン数　(B)2.0%
4. (A)リーチ数　(B)3.0%

Reference　公式テキスト参照ページ

6-3-3　ソーシャルメディアに関する指標 ………………………………… p.268

問6-9の解答：3

ソーシャルメディアの活用戦略としては、次の5つが挙げられます。

活用戦略	業務としての機能
傾聴 （耳を傾ける）	**リサーチ** 投稿やハッシュタグを検索して、商品やサービスに対する印象や課題を確認する
会話 （話をする）	**マーケティング** ソーシャルメディア上で、新商品の告知やキャンペーンの案内を行う
活性化 （活気づける）	**セールス** CTAボタンを設置して、ウェブサイトに誘導したり、店舗の予約を行ったりする
支援 （支援する）	**サポート** 顧客の問い合わせをページやメッセージで受け付けて回答する
統合 （統合する）	**統合** 新たな商品ニーズを知るために、ユーザーにヒアリングをしたり、新たな商品企画や活用方法をシェアする機会を提供する

問6-10の解答：2

エンゲージメント率は、ファン数ではなく、リーチ数をベースに算出することが推奨されています。例えば、Facebookページの場合は次のようになります。

- エンゲージメント率（%）＝（投稿へのアクション（いいね！＋コメント＋シェア＋クリック）した人数÷投稿時点のリーチ数）×100

したがって、この場合の計算は、次のようになります。

（100＋10＋50＋80）÷10,000×100＝2.4%

ソーシャルメディアでは、たくさんクリックされたり、いいね！を押されたりすることで露出頻度が変わってきます。エンゲージメント率の高いアカウントや投稿ほど、ユーザーに露出が増え、リーチが増えるという仕組みになっているため、エンゲージメント率が重要となります。

問6-11

ソーシャルメディアの効果測定指標について、正しいものの組み合わせを選びなさい。

(A) コンテンツの反応がよかった理由、ユーザーのインサイトの洞察を踏まえ、違う内容を提示して飽きさせないことのほうが大事な場合がある。
(B) 定量的な指標が上がるのは、必ず効果が出ているときである。
(C) エンゲージメント率の分子は、主にインプレッションなどのリーチ数である。
(D) エンゲージメント率を高めるには、効果的な画像やタイトル、すなわちOGPを有効に設定することが大事である。

1. (A)と(B)
2. (B)と(D)
3. (A)と(D)
4. すべて間違い

第6章

Reference　公式テキスト参照ページ

6-3-3　ソーシャルメディアに関する指標 ……… p.268

ヒント

「OGP」とは、「Open Graph Protocol」の略で、Facebookなどのソーシャルメディアでウェブサイトを紹介するときに、そのページの情報を正しく伝えるためのHTMLの表記方法のことです。この設定を変えることで、効果的な画像やタイトルをソーシャルメディアで表示できます。

問6-11の解答：3

ソーシャルメディアでは、全体の文脈とユーザーの意図を理解するための一助として解析を行います。あるコンテンツの解析結果がよかったとしても、それはそのコンテンツの結果を示すだけであり、同じことを繰り返せばよいという単純な結論にはなりません。(B)と(C)には、次のような間違いがあります。

(B) ソーシャルメディアにおいては、定量的な数値が伸びたとしても内容がネガティブなものである可能性もあります。必ず定性分析を行うようにしましょう。
(C) エンゲージメント率の計算では、リーチ数を分母に取ります。

ソーシャルメディアの解析には、定量的な解析と定性的な解析があります。

・定量分析
「いいね！」の数や「リツイート(RT)」数、会員数、購読者数、フォロワーの数、あしあと数など、数値として効果を測ることが可能です。

・定性分析
数値として表せない質的な分析です。例えば、ある解析ツールでは、各ユーザーの発言を、テキストマイニング技術などによって分析し、自動的にポジティブ・ネガティブを判断するものもあります。

問6-12

次に示したFacebookのエントリーごとのエンゲージメント率について、誤っているものを選びなさい。

日付	エントリー	リーチ数	いいね！数	クリック数	シェア数
2/10	(A)	2,000	120	10	20
2/15	(B)	200	80	10	20
2/18	(C)	200	5	1	0
2/21	(D)	500	10	0	10

1. (A)は、エンゲージメント率が高く、その結果としてリーチが伸びた可能性がある。
2. (B)は、エンゲージメント率は高いにもかかわらずリーチ数が低いため、公開範囲を限定している可能性がある。
3. (C)は、最もエンゲージメント率が低いことから、ユーザーの関心が低い可能性がある。
4. (D)は、エンゲージメント率が2%なので、クリックを誘導するリンクを強化すべきである。

Reference　公式テキスト参照ページ

6-3-3　ソーシャルメディアに関する指標 …… p.268

第6章

問6-12の解答：4

Facebookにおけるエンゲージメント率は、**「すべてのアクション（いいね！＋クリック数＋シェア数）÷リーチ数」**で求められます。

それぞれのエントリーのエンゲージメント率を求めてみましょう。

- （A）：（120＋10＋20）÷2000＝0.075＝7.5%
- （B）：（80＋10＋20）÷200＝0.55＝55.0%
- （C）：（5＋1＋0）÷200＝0.03＝3.0%
- （D）：（10＋0＋10）÷500＝0.04＝4.0%

（D）のエンゲージメント率は4.0%であることから、**4.**が間違いとなります。

アクションが増えると、その行動がフォロワーにも開示され、リーチも伸びる可能性があります。ただし、アクションが多くても、公開範囲が限定されていると、それほどリーチが伸びないことがあります。

Column

NPS（ネット・プロモーター・スコア）

数値として表せない定性的なエンゲージメントを計る方法として、「NPS® (Net Promoter Score：ネット・プロモーター・スコア）＊1」があります。アンケート調査の手法の1つで、顧客満足度を調査する方法です。「あなたはこの商品を親しい友人や家族にどの程度すすめたいと思いますか？　0～10点で点数をつけてください」という質問と、その理由を聞きます。NPSの調査を行うことには、次のようなメリットがあります。

・オンライン・オフラインにかかわらず、サービス全体の満足度を知ることができる
・回答がシンプルで回収率が高い。また、理由を知ることで、課題解決のヒントが得られる
・すでに多くの企業や業界で同じ調査をしているため、同じ質問、評価方法であれば相対評価ができる
・SIPSやDECAXにおける共有フェーズを可視化・指標化できる

＊1　ネット・プロモーター、ネット・プロモーター・システム、NPS、そしてNPS関連で使用されている顔文字は、ベイン・アンド・カンパニー、フレッド・ライクヘルド、サトメトリックス・システムズの登録商標です。

問6-13

次に示した検索クエリに関する記述の中から、誤っているものを選びなさい。

1. コンバージョンに至らなくても、興味を深めるのに重要なクエリは解析する対象とすべきである。
2. 間接的にコンバージョンに寄与するクエリについて、直接コンバージョンにつながっていないからといって、増やすことを放棄してはならない場合がある。
3. 成果に対して、クエリがどのような位置付けかをグループ分けすることは非常に重要である。
4. 間接的にコンバージョンに寄与するクエリについて、直接コンバージョンにつながっていない場合は、施策を放棄する。

Reference　　公式テキスト参照ページ

6-4-1　キーワード分析の考え方 ……… p.271

第6章

問6-14

空欄に当てはまる正しい組み合わせを選びなさい。

エンゲージメントを高める段階では、コンバージョンを生まない(A)で来訪するケースが多いが、さらに細かいグループ分けが必要である。ただし、(B)のクエリはGoogle Search Consoleなどでは把握できないので、キーワード抽出ツールなどを使う。

1. (A)インフォメーショナルクエリ　(B)未来訪
2. (A)インフォメーショナルクエリ　(B)既来訪
3. (A)トランザクショナル　(B)未来訪
4. (A)トランザクショナル　(B)既来訪

Reference　　公式テキスト参照ページ

6-4-2　クエリのグルーピング ……… p.272

問6-13の解答：4

キーワード分析で大切なのは、成果を定義した上で、そのクエリが成果に対してどのような位置付けにあるかをグルーピングすることです。したがって、コンバージョンに至らなくても、興味を深めるのに重要なクエリは解析する対象とすべきです。

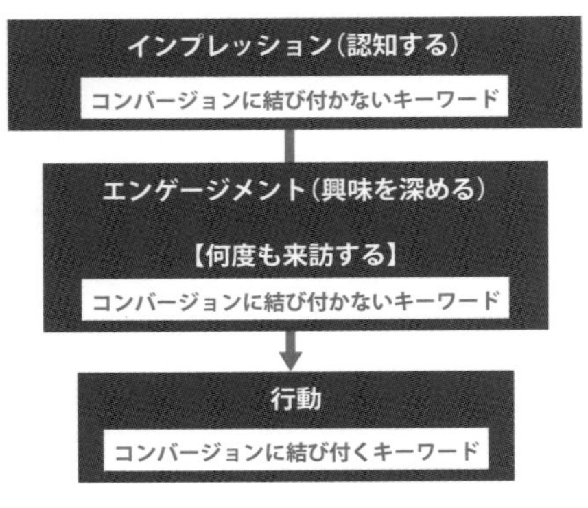

●キーワード分析の考え方

問6-14の解答：1

Googleが提唱するクエリ分類として「**インフォメーショナル**」「**トランザクショナル**」「**ナビゲーショナル**」という3つがあります。この3つのグルーピングと一般的なコンバージョンまでの距離をまとめると、次の表のようになります。

コンバージョンまでの距離	遠い	近い
インフォメーショナルクエリ	○	
トランザクショナルクエリ		○
ナビゲーショナルクエリ		○

ただし、これらのクエリのピックアップでは、すでに存在するコンテンツのクエリしか集められません。ユーザーのインテントに合わせてコンテンツを作り、改善をすることで、成果につながる来訪に結び付けてください。

問6-15

次に挙げた検索フレーズが当てはまるグルーピングとして、最も適切なものを選びなさい。

「なわとび　とび方」

1. Knowクエリ
2. Doクエリ
3. Buyクエリ
4. Goクエリ

Reference　　公式テキスト参照ページ

6-4-2 クエリのグルーピング ………… p.272

問6-16

次の文章の空欄に当てはまる最も適切な組み合わせを選びなさい。

アプリ内マーケティングには、大きく分けて「プッシュ通知」と「アプリ内メッセージ」の2つがある。プッシュ通知は主に(A)の改善に、アプリ内メッセージは(B)の改善に有効である。

1. (A)CPI　(B)アプリのインストール率
2. (A)アプリのインストール率　(B)CPI
3. (A)コンバージョン率　(B)ユーザーのリテンション率
4. (A)ユーザーのリテンション率　(B)コンバージョン率

Reference　　公式テキスト参照ページ

6-5-2　プッシュ通知 ………… p.278

問6-15の解答：2

Googleが提唱するクエリ分類として、「Know ／ Do ／ Buy ／ Go」という4つのクエリがあります。「トランザクショナル／インフォメーショナル／ナビゲーショナル」クエリと比べると、行動と購買が分かれた形になり、よりユーザーの意図に沿った対策が必要となります。

コンバージョンまでの距離から考えると、次の表のようになります。

コンバージョンまでの距離	遠い	近い
Knowクエリ	○	
Doクエリ		○
Buyクエリ		○
Goクエリ		○

クエリごとに、検索結果の表示方法が異なります。フレーズごとにクエリの区分を確認しながらグルーピングを行い、それぞれにあった対策を講じます。

問6-16の解答：4

アプリ内マーケティングには、大きく分けて「**プッシュ通知**」と「**アプリ内メッセージ**」の2つがあります。プッシュ通知は主にユーザーのリテンション率改善に、アプリ内メッセージはコンバージョン率改善に有効です。

「アプリのマーケティング」といった場合、従来は広告やプロモーション施策のことを指すことが多く、アプリのインストール数やCPI（Cost Per Install）といった獲得に関するKPIの改善ばかりが注目されてきました。しかし、コストをかけて新規ユーザーを獲得しても、彼らがすぐにアプリを使わなくなってしまったら、そのコストが無駄になってしまいます。そこで、最近では、アプリをインストールしたユーザーの利用頻度や継続率、コンバージョン率などを高めて最終的な売上につなげる「アプリ内マーケティング」が主流になってきました。

問6-17

アプリの解析や効果増進施策について、不適切なものを選びなさい。

1. プッシュ通知は内容やタイミングがよくても許諾率が低いと受け取ってもらえないことが多い。
2. プッシュ通知は開封数が多いほうがよいので、セグメントせずに許諾ユーザー全員に同時配信するのがお勧めである。
3. 開封率を高めるために、プッシュ通知文言を最適化してユーザーに興味を持たせることが大切である。
4. ユーザーの行動パターンを分析し、適切なタイミングで適切なセグメントにメッセージを送ることが大切である。

Reference　　公式テキスト参照ページ

6-5　アプリにおけるエンゲージメント改善 ………… p.278

問6-18

プッシュ通知に関するKPIについて、誤っているものを選びなさい。

1. プッシュ通知の配信対象者数が減っている場合、配信頻度やタイミングなどが適切であるとユーザーが考えていることが要因である。
2. プッシュ通知の許諾率は、「アプリでプッシュ通知を受け取る設定をしているユーザー÷配信対象者数」で算出でき、高いと好ましい指標である。
3. プッシュ通知の開封率は、配信セグメントの良し悪しの判断ができる。全員に送った場合よりも低い場合はセグメントが好ましくない可能性がある。
4. プッシュ通知によるコンバージョン率は、複数の内容を比較して検証ができる。通知の内容による違いを見て最適化する。

Reference　　公式テキスト参照ページ

6-5-2　プッシュ通知 ………… p.278

問6-17の解答：2

プッシュ通知は全ユーザーを対象に同じ内容を送るのではなく、ターゲットセグメントに合わせて別のものにすれば、開封率を高めることが可能です。

配信対象は、「性別」「年齢」「居住地」などのユーザーデモグラフィックでセグメントする方法と、「1週間以上アプリを起動していない」「買い物かごに商品を残したままで決済していない」といったユーザーのアクションごとにセグメントする方法があります。多くの場合、アクションベースで配信対象を絞り込むほうが開封率は高くなります。

問6-18の解答：1

プッシュ通知の配信対象者数が減っているときは、配信頻度やタイミングなどが**適切ではない**とユーザーが考えている場合があります。セグメントや配信条件の見直しを行ってください。

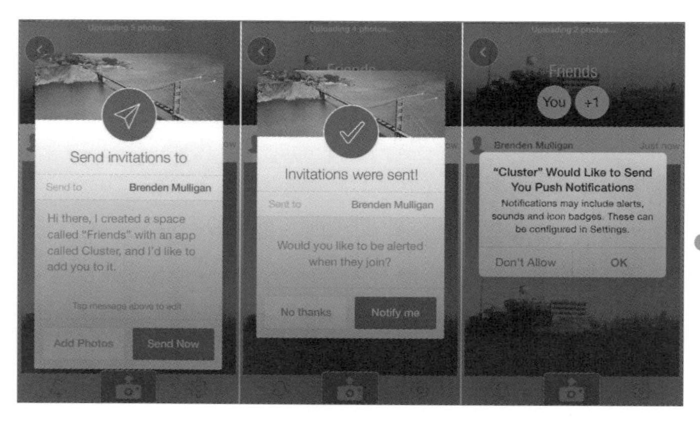

●**事例**：アプリの初回起動時にプッシュ通知で受け取る内容をユーザーに示すことで、平均より高い許諾率を得られた

問6-19

スマートフォンアプリについて、正しいものを選びなさい。

1. ディープリンクをプッシュ通知で利用すると、ユーザーに見せたいページに直接誘導できる。
2. ユーザーのアプリへの満足度が高いときにアプリのレビュー依頼をするメッセージを表示することは、ユーザーの満足を下げる要因になるので避けたほうがよい。
3. アプリ内メッセージは慣れが大切なので、訴求内容が異なってもデザインを変えないほうがよい。
4. アプリ内メッセージとプッシュ通知は、役割が違うので組み合わせないほうがよい。

Reference　　公式テキスト参照ページ

6-5-2　プッシュ通知 ………… p.278
6-5-3　アプリ内メッセージ ………… p.281

問6-20

動画の効果を改善する方法として、正しい選択肢を選びなさい。

1. 新規閲覧者を増やすために、チャンネル購読者よりも露出の強化に注力する。
2. YouTube終了画面やカードの利用は、ほかの動画への誘導を強化してしまうため、利用しないほうがよい。
3. 動画のエンゲージメント（Likeなど）を増やすには、そのことを説明文やタイトルに掲載することが重要である。
4. YouTube動画にリンクカードを付けることで、誰でも自社サイトに誘導することができる。

Reference　　公式テキスト参照ページ

6-6-1　動画のエンゲージメントを改善する ………… p.283

問6-19の解答：1

ディープリンクをプッシュ通知で利用すると、ユーザーに見せたいページに直接誘導できます。

2. ユーザーのアプリへの満足度が高いときは、アプリのレビュー依頼をするメッセージを表示すると、よい評価を得られやすいといえます。
3. アプリ内メッセージは、訴求する内容によってメッセージのデザインを変えることで、より高いコンバージョン率を期待できます。
4. アプリ内メッセージは、プッシュ通知と組み合わせることでコンバージョン率を高められます。

問6-20の解答：3

動画では、「Like」や「共有」、「コメントの数」を確認することでエンゲージメントを測定できます。

1. チャンネルの購読者は、非購読者に比べてよく視聴する傾向があり、チャンネル更新時には通知も届きます。購読者を増やす施策を検討しましょう。
2. 終了画面とは、パソコン上で再生している動画に表示できる情報で、動画の後半にリンクや情報、チャンネル登録の依頼などが可能です。ぜひ活用しましょう。
4. YouTube動画にリンクカードを付けることで、さらに動画閲覧を促せますが、自社サイトへの誘導はできません。

問6-21

動画のエンゲージメントについて、誤っている記述を選びなさい。

1. 動画の目的に合わせて、最適な動画の再生時間を調整したほうがよい。
2. 動画をどのくらいの割合まで視聴し続けたかを測ることは困難である。
3. 「いいね！」や「コメント」などでエンゲージメントするだけではなく、「真似」や「遊ぶ」などのUGCを意識するのがよい。
4. 長時間再生可能なメディアにおいては、長く視聴してもらうことで認知率やエンゲージメントの向上が図れる。

Reference　　公式テキスト参照ページ

6-6-1 動画のエンゲージメントを改善する …… p.283

第6章

問6-21の解答：2

動画の解析においては、平均再生率を見ることで、動画ごとにどのぐらいの割合まで動画を視聴し続けたかを確認できます。

さらに、動画ごとの視聴者維持率では、動画においてどこで離脱しているかを把握できます。

Video	Watch time (minutes) ↓	Views	Average view duration	Average percentage viewed
2018WAC	8,583 (28%)	492 (11%)	17:26	51%
2018SWAC	5,799 (19%)	379 (8.3%)	15:17	56%
2018wac01ver180407	642 (2.1%)	153 (3.4%)	4:11	48%
2018wac02Ver180407	629 (2.1%)	85 (1.9%)	7:23	57%
2018wac03Ver180407	515 (1.7%)	63 (1.4%)	8:10	61%
2018wac04Ver180407	489 (1.6%)	42 (0.9%)	11:38	77%
2018wac05Ver180407	354 (1.2%)	46 (1.0%)	7:41	72%
2018wac06Ver180407	308 (1.0%)	51 (1.1%)	6:02	55%
1-1-1 ウェブ解析の現在地 1 企業のウェブ解析...	290 (0.9%)	60 (1.3%)	4:50	60%
2018wac08Ver180407	247 (0.8%)	31 (0.7%)	7:58	58%
2018wac10Ver180407	202 (0.7%)	23 (0.5%)	8:47	51%
1-1-2 ウェブ解析士取得のメリット 2	184 (0.6%)	36 (0.8%)	5:07	63%
1-1-2 ウェブ解析の現在地 2 ウェブ解析はウェ...	184 (0.6%)	37 (0.8%)	4:57	75%
1-1-4 ウェブ解析に関わる5つの力	179 (0.6%)	36 (0.8%)	4:58	57%

●YouTube アナリティクス

第７章
自社サイトの解析

本章の範囲からは、自社サイト内に流入後の解析について出題されます。

問7-1

ランディングページの説明をしている文章として、正しいものを選びなさい。

1. ユーザーが2ページ目以降として閲覧するページ
2. ユーザーが最初に見るページ
3. コンバージョンになったと判断するページ
4. コンバージョンにつながるフォームがあるページ

Reference　公式テキスト参照ページ
7-1-2　自社サイトの構造 ………… p.288

Column

自社メディアの有効性

現在のデジタルマーケティングでは、ソーシャルメディアの活用が欠かせません。しかし、ソーシャルメディアは自社で完全にコントロールすることは不可能です。また、ソーシャルメディア上のユーザーは、日々さまざまな情報を得ており、その関心は刻々と変化しています。そのため、ソーシャルメディア上のコミュニティの存在は重要ですが、表面的なコミュニケーションになりがちです。

ユーザーと本当に深いコミュニケーションを行い、継続的に自社とユーザーとのエンゲージメントを高めるには、自社メディアの活用が必要不可欠といえます。

問7-1の解答：2

「**ランディング**（着陸）」という言葉のとおり、最初にユーザーが見るページのことです。トップページとは限らず、広告やキャンペーンのためにランディングを意図して作られたものもあれば、検索エンジンなどを経由してユーザーが最初に見るものもあります。

ランディングページを見たユーザーは、次に示した図のような順番で推移します。

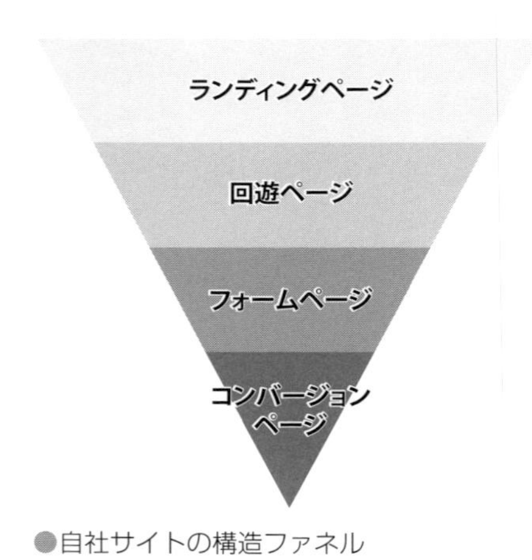

●自社サイトの構造ファネル

フォームページやコンバージョンページは特定のページを指すので、ユーザーの行動によってページが変わることはありませんが、ランディングページや回遊ページはユーザーの行動によって変わります。つまり、あるユーザーにとってはランディングページとして機能していたページが、別のユーザーにとっては回遊ページになることもあります。

問7-2

自社サイトの用語の説明をしている文章として、正しいものを選びなさい。

1. 回遊ページで直帰しなかったページビューのことを回遊数という。
2. 回遊した後のフォームページで離脱した割合を回遊離脱率という。
3. 回遊離脱率は、セッション単位で測定する。
4. 回遊離脱率は、コンバージョン率とセットで利用する。

Reference　　公式テキスト参照ページ

7-1-2　自社サイトの構造 …… p.288

問7-3

次に示した表は、Z社のウェブサイトにおける2019年12月度の結果である。指標の説明として正しいものを選びなさい。

セッション数	ページビュー数	直帰率	フォーム到達数	コンバージョン数
30,000	90,000	40%	900	90

1. 回遊離脱率は90%で、フォーム離脱率は95%である。
2. 回遊離脱率は99%で、フォーム離脱率は90%である。
3. 回遊離脱率は95%で、フォーム離脱率は95%である。
4. 回遊離脱率は95%で、フォーム離脱率は90%である。

Reference　　公式テキスト参照ページ

7-1-2　自社サイトの構造 …… p.288

問7-2の解答：3

回遊離脱率は、セッション単位で測定します。

1. 回遊ページは、2ページ目以降として閲覧するページを指します。主に、商品ページや送料を表示するページなどが回遊ページとして機能します。
2. 回遊離脱率は、回遊したものの、フォームページまで至らなかった割合をいいます。
4. 回遊離脱率は、フォーム到達率とセットで利用してください。

なお、回遊離脱率は、次のようにして求めます。

回遊離脱率＝100%－（フォーム到達数÷回遊数）×100
＝100%－（フォーム到達数÷（セッション数－直帰数））×100

第7章

問7-3の解答：4

回遊離脱率は、「100%－（フォーム到達数÷（セッション数－直帰数））×100」で求められます。直帰数は「セッション数×直帰率」で求められるので、次のようになります。

回遊離脱率＝100%－（900÷（30,000－（30,000×0.40）））×100
＝100%－（900÷18,000）×100＝100%－5%＝95%

フォーム離脱率は、「100%－（コンバージョン数÷フォーム到達数）×100」で求められます。したがって、次のようになります。

フォーム離脱率＝100%－（90÷900）×100＝100%－10%＝90%

問7-4

次に示した表は、BtoBビジネスを行う、あるウェブサイトのデータである。リスティング広告を利用して売上を1.2倍にしたい場合、この表の空欄に当てはまる正しいものを選びなさい。

	現状		改善案
（自然流入）	20,000件		20,000件
（リスティング広告流入）	未実施		（B）
セッション数	20,000件	直帰率　（A）	
回遊数	12,000件	回遊離脱率　75%	
フォーム到達数	3,000	フォーム離脱率　90%	
コンバージョン数	300件	商談率　25%	
商談数	75件	受注率　40%	
受注数	30件	受注単価　1,000,000円	36件
売上金額	30,000,000円	売上目標	36,000,000円

※流入による直帰率などの指標は変化しないものとする

1. （A）40%　　（B）4,000件
2. （A）60%　　（B）4,000件
3. （A）40%　　（B）8,000件
4. （A）60%　　（B）8,000件

Reference　　公式テキスト参照ページ

7-1-3　自社サイト改善の計画立案 ………… p.290

第7章

問7-4の解答：1

直帰率（A）は現状から求めます。直帰率は「（回遊しなかった数÷セッション数）×100」なので、次のようになります。

直帰率（A）＝（（20,000－12,000）÷20,000）×100＝40%

リスティング広告流入数は、目標売上から逆算していきます。

商談数＝受注数÷受注率＝36÷0.40＝90件
コンバージョン数＝商談数÷商談率＝90÷0.25＝360件
フォーム到達数＝コンバージョン数÷（100%－フォーム離脱率）
＝360÷（1.00－0.90）＝3,600件
回遊数＝フォーム到達数÷（100%－回遊離脱率）
＝3,600÷（1.00－0.75）＝14,400件
セッション数＝回遊数÷（100%－直帰率）＝14,400÷（1.00－0.40）＝24,000

したがって、合計で24,000件のセッションが必要になるため、リスティング広告経由の流入で4,000件のセッションを集める必要があることがわかります。

	現状		改善案
（自然流入）	20,000件		20,000件
（リスティング広告流入）	未実施		**4,000件**
セッション数	20,000件	直帰率　**40%**	24,000件
回遊数	12,000件	回遊離脱率　75%	14,400件
フォーム到達数	3,000件	フォーム離脱率　90%	3,600件
コンバージョン数	300件	商談率　25%	360件
商談数	75件	受注率　40%	90件
受注数	30件	受注単価　1,000,000円	36件
売上金額	30,000,000円	売上目標	36,000,000円

問7-5

クローラーなどのノンヒューマンアクセスにおいて、ページビューが測定できないアクセス解析ツールの方式として、正しいものを選びなさい。

1. ウェブビーコン型
2. パケットキャプチャ型
3. サーバーログ型
4. すべての方式

Reference　公式テキスト参照ページ

3-5-1　アクセス解析の種類 …… p.143

7-2-1　アクセス解析ツールの測定方法による数値の差 …… p.293

問7-6

ウェブブラウザーがキャッシュしたページで、ページビューが測定できるアクセス解析ツールの方式として、正しいものを選びなさい。

1. パケットキャプチャ型
2. サーバーログ型
3. ウェブビーコン型
4. すべての方式

Reference　公式テキスト参照ページ

7-2-1　アクセス解析ツールの測定方法による数値の差 …… p.293

問7-5の解答：1

クローラーなどのノンヒューマンアクセスは、サーバーログ型やパケットキャプチャ型のアクセス解析ツールではカウントされますが、ウェブビーコン型ではカウントされません。

ウェブビーコン型はJavaScriptを用いて測定していますが、クローラーはこのようなJavaScriptを無視することが多いため、ウェブビーコン型のアクセス解析ツールでは反応しないからです。

第7章

問7-6の解答：3

キャッシュとは､一度訪問したページをウェブブラウザーが保存して､次に訪問したときにウェブサーバーにアクセスせずに保存したデータを表示するウェブブラウザーの機能のことです。

ウェブビーコン型の場合、ウェブブラウザーで表示すればキャッシュであっても計測タグが読み込まれるので、インターネットに接続された環境なら計測できます。一方、サーバーログ型やパケットキャプチャ型ではカウントされません。サーバーからデータを読み込まないので、アクセスログに記録されることも、サーバーとのやりとり（パケット）をキャプチャすることもできないからです。

問7-7

オウンドメディアの解析で利用する指標について、誤っているものを選びなさい。

1. ページビューは、人間が見ていないアクセスでも、計測サーバーにデータが送られれば計測されることがある。
2. セッションが切れる条件は、測定ツールや設定によって異なるため、測定ツールが違うと数字が大きく変わる場合がある。
3. ユーザーは、解析ツールの導入時期により「新規ユーザー」「リピーター」の数字が大きく変わる場合もあるため、導入時期を設定する際に注意する。
4. アクセス解析ツールで一般的に使われる「ユーザー」は、サービス利用者を指す。

Reference　　公式テキスト参照ページ

7-2-1　アクセス解析ツールの測定方法による数値の差 ……………… p.293

第7章

問7-8

アクセス解析ツールのログ収集の技術について、正しいものを選びなさい。

1. セッションの定義にIPアドレスを利用する場合、同一の接続ポイント経由で同じユーザーエージェントのアクセスでも、複数の端末であれば異なるセッションとみなされる。
2. 公衆回線を使ったモバイル経由のアクセスは、移動によってIPアドレスが変化するため、セッションの定義にIPアドレスを利用する場合、同じ端末でアクセスしても異なるセッションとなることがある。
3. ウェブビーコン型のアクセス解析ツールでは、Cookieを受け入れない設定をした端末からのアクセスでも、ページを閲覧するたびにセッションが切れることはない。
4. スマートフォンは、サードパーティCookieを受け入れる初期設定であることが多い。

Reference　　公式テキスト参照ページ

7-2-1　アクセス解析ツールの測定方法による数値の差 ……………… p.293

問7-7の解答：4

アクセス解析ツールで一般的に使われる「ユーザー」は、計測対象サイトにアクセスしたサービス利用者を指します。例えば、ネットショップ支援サービスなどでは、アクセス解析ツールとは異なる方法で、新規購入者とリピート購入者の記録を「ユーザー」として取得していることがあります。

インフォメーション

ユーザー／セッション／ページビューの定義については、公式テキストの「1-3-5　オウンドメディアの指標」（p.038）を改めて確認してください。

問7-8の解答：2

公衆回線を使ったモバイル経由のアクセスは、移動によってIPアドレスが変化するため、同じ端末でも、異なる端末によるセッションとみなされます。

1. IPアドレスの場合、同一の接続ポイント経由であれば、複数のパソコンであっても同一のIPアドレスが割り当てられます。そのため、同じユーザーエージェントであれば、同一のセッションとみなされます。
3. Cookieを受け入れない設定をした端末では、ページを閲覧するたびにセッションが切れます。
4. スマートフォンは、基本的にはサードパーティ Cookieを受け入れない設定になっているので注意してください。

問7-9

ユーザーのサイト滞在時間について、正しいものを選びなさい。なお、ウェブビーコン型のアクセス解析ツールを利用しており、30分以上アクセスしていなければ、セッションは切れるものとする。

ページAに1時25分19秒に訪れ、ページBに1時26分2秒に遷移した。いったん席を外し、再度1時39分3秒にページBを閲覧、外部のサイトに遷移した上で、1時42分10秒にページBに戻ってきて、1時43分3秒にページCに遷移した。そして1時48分10秒にウェブブラウザーを終了した。

1. 1分36秒
2. 22分51秒
3. 13分44秒
4. 17分44秒

Reference　公式テキスト参照ページ

7-2-1　アクセス解析ツールの測定方法による数値の差 …… p.293

第7章

Column

3つのヒートマップの違い

クリックヒートマップでは、「訪問者がクリックした場所」を確認できます。どのような文言や画像がクリックされやすいのかを判断できるほか、何もないところをクリックしている場合は、どうして迷わせてしまったかを検討できます。

アテンションヒートマップは「どこがよく読まれたか（よく見られたか）」がわかります。どのようなコンテンツに関心があるのか、どんなところを読まずに飛ばしているのかを把握できます。

スクロール到達率では「どこまで読まれたか」がわかります。

これらを組み合わせて、訪問者がコンテンツの内容をしっかり見てくれるウェブページになるように改善していきます。

問7-9の解答：4

注意すべき点は、「セッションが切れる条件」と「最後にアクセスしたページの時間」です。ウェブブラウザーを終了した時間はそのままでは計測できないため、最後にアクセスしたページの時間までが滞在時間となります。

この場合、一度席を外して閲覧を再開するまでに30分経っていないため、ページAを閲覧開始した1時25分19秒から、最後の閲覧ページCに遷移した1時43分3秒までが滞在時間となります。

したがって、1:43:03－1:25:19＝0:17:44で、正解は **4.** となります。

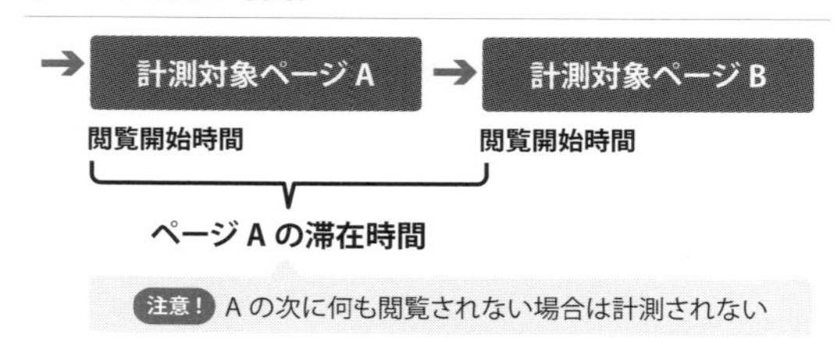

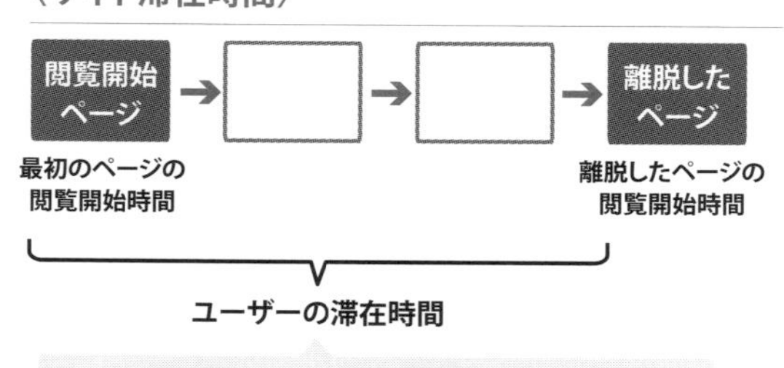

●滞在時間の計算方法

問7-10

「加重直帰率」は「直帰率」に対して何で重み付けをしたものか、正しいものを選びなさい。

1. ユーザー数
2. セッション数
3. ページビュー数
4. 新規ユーザー数

Reference　　公式テキスト参照ページ

7-2-2　課題発見に有用な計算指標 …… p.297

第7章

問7-11

計算指標について、誤っているものを選びなさい。

1. 加重直帰率は流入の視点から改善するページを探すのに役立つ。離脱改善指標は、直帰が多いランディングページを除いた離脱が多いページを探すのに役立つ。
2. ページビュー数80,000、流入数40,000、離脱数50,000、直帰数30,000の場合、離脱改善指標は10,000となる。
3. 加重直帰率は、通常の直帰率に、「そのページのページビュー数÷サイト全体のページビュー数」などをかけることで、改善の優先順位を誤らないようにする。
4. 加重直帰率で降順ソートすると、直帰率が高くてもページビュー数があまりないページの重要度が下がる。

Reference　　公式テキスト参照ページ

7-2-2　課題発見に有用な計算指標 …… p.297

問7-10の解答：3

直帰率については、サイトにおけるページの重要度を考慮する必要があります。そこで、直帰率にページビュー数で重み付け（加重）をすることで、改善するとサイト全体の改善効果が高いページを発見する必要があります。こうしたページのページビュー数の大きさを加味した直帰率を「加重直帰率」といいます。ページの改善優先度を表面上の比率だけで見誤らないように、ページの重要度を加味して検討します。

例えば、Google アナリティクスの場合、加重直帰率の高い順番でソートして表示できます。

問7-11の解答：2

離脱改善指標は、「（離脱数－直帰数）^{2}÷ページビュー数」で求められます。離脱から直帰による離脱を除くことで、流入も多く、直帰も多くなってしまいがちなランディングページなどは除外しています。さらに、この問題を強調するため、2乗してページビュー数で割って、ページビューの割に（離脱－直帰）の問題が大きいページが上位に来るようになっています。

2. の「ページビュー数80,000、流入数40,000、離脱数50,000、直帰数30,000」の場合は、次のようになります。

離脱改善指標＝（50,000－30,000）^{2}÷80,000＝5,000

問7-12

「リファラー」に含まれない情報として、正しいものを選びなさい。

1. ページのドメイン
2. ページのURL
3. ページのパラメーター
4. アクセス元のIPアドレス

Reference　　公式テキスト参照ページ

7-3-1　リファラーとチャネル ………… p.298

問7-13

ノーリファラーになる理由を説明している文章として、誤っているものを選びなさい。

1. サイト上のページ内におけるパラメーターを付与したURLからのリンク
2. ブックマークからの訪問
3. メーラー、ニュースリーダーに記載されているURLをクリックして訪問
4. セキュリティソフトなどによって、ウェブブラウザーからサーバーへリファラーを送信しない設定になっている

Reference　　公式テキスト参照ページ

7-3-2　チャネルがDirect（ノーリファラー）となる要因 ………… p.299

問7-12の解答：4

アクセス解析では、リファラーをもとに、ウェブブラウザーが閲覧しているページの前に参照したページを知ることができます。そのほかに、リファラーには次のような情報が含まれています。

- ●ページのドメイン
- ●ページのURL
- ●ページのパラメーター

インフォメーション

リファラーが記録される「アクセスログ」については、公式テキストの「1-3-2 アクセス解析のローデータ」「1-3-3　ログフォーマットの種類」を参照してください。

問7-13の解答：1

1.は、ノーリファラーとなる流入に対し、流入元を特定するための施策です。チャネルが*Direct*（ノーリファラー）となる、つまり、リファラーが取得できない場合の要因として考えられるのは、次に示した5つが主な原因です。

①メール本文に記載のURLをクリックした場合
　パラメーターを設置しないと、ノーリファラーになる。
②お気に入り（ブックマーク）から訪問した場合
　前のページとなるリファラーがないため、必然的にノーリファラーになる。
③URLを直接入力した場合
　前のページとなるリファラーがないため、必然的にノーリファラーになる。
④SSLで暗号化されているページから、暗号化されていないページへ遷移した場合
　SSLで暗号化したページを知らせないため、必然的にノーリファラーとなる。
⑤アプリケーション経由
　通常、ノーリファラーになる。ただし、アプリがリファラーを付与する場合もある。

問7-14

ノーリファラーの解析のポイントを説明している文章として、誤っているものを選びなさい。

1. パラメーターを付与することで特定できるようにする。
2. リピーター向けページでノーリファラーの直帰率が高い場合は、新規訪問者の目に触れる広告やPRを強化するとよい。
3. 専用のランディングページを設けて特定できるようにする。
4. SNSやメッセンジャーで話題になり、新規訪問者が増えるケースがある。

Reference　公式テキスト参照ページ

7-3-2　チャネルがDirect（ノーリファラー）となる要因 …… p.299

問7-15

Organic Searchのリファラーの解析を説明している文章として、正しいものを選びなさい。

1. 検索エンジンごとのトラフィックを知ることができる。
2. コンバージョンページをもとに検索クエリを推測できる。
3. リファラーを調べることで、検索クエリを知ることができる。
4. リファラーには、ページのドメイン、ページのURLしか含まれない。

Reference　公式テキスト参照ページ

7-3-2　チャネルがDirect（ノーリファラー）となる要因 …… p.299

問7-14の解答：2

ノーリファラーの解析としては、パラメーターを付加する以外にも、専用のランディングページを設けて流入を特定する場合もあります。

リファラーを残さないようにして公共の掲示板に記載されたときや、SNSやメッセンジャーで話題になって新規アクセスが増えているときは、新規のノーリファラーが増えることが考えられます。

リピーター向けページでノーリファラーの直帰率が高い場合は、リピーター向けの新たなコンテンツを増やすことが求められます。逆に、新規ユーザーの多いページで、直帰率も低い場合は、スマートフォンアプリ経由で多くの人の目に留まったのでしょう。リファラーを消した書き込みがバズったのかもしれません。いずれにせよ、この場合は、さらに新規ユーザーの目に触れるように、記事の広告やPRを強化してもよいでしょう。

問7-15の解答：1

Organic Searchのリファラー解析では、検索エンジンごとのトラフィックを確認できます。しかし、現在ではGoogleなどの主要な検索エンジンは検索クエリをリファラーに含めていないため、アクセス解析では検索した具体的な検索クエリをすべて知ることは困難です。

インフォメーション

Google アナリティクスとGoogle Search Consoleを連携させることによって、ある程度の検索キーワードを確認できます。ただし、完全なものではなく、Googleでの検索キーワードだけである（例えばYahoo!やBingでの検索は含まれない）ことには注意が必要です。

問7-16

ウェブビーコン型の解析ツールでインタラクション解析を用いないと取得できない情報について、正しい組み合わせを選びなさい。

(A) PDFファイルのダウンロード数
(B) コンバージョンしたセッションの参照元
(C) 直帰したページの滞在時間
(D) 電話番号のリンクを押して電話をかけようとした数

1. すべて正しい　**2.** (A)と(D)　**3.** (A)と(C)と(D)　**4.** (A)のみ

Reference　公式テキスト参照ページ

7-4-1　イベントトラッキングによる解析 ………… p.302

第7章

問7-17

「クリックヒートマップ」を説明している文章として、正しいものを選びなさい。

1. Google アナリティクスの機能で使用できる。
2. ページ内のどこがクリックされたかを知ることができる。
3. ページごとのクリック数を最適化することができる。
4. どこをクリックしたらよいか、ユーザーに示すことができる。

Reference　公式テキスト参照ページ

7-4-2　ヒートマップツールの指標 ………… p.303

問7-16の解答：3

単純にアクセス解析のタグなどを設置しただけでは解析が困難なインタラクションに対して、ウェブサイトでJavaScriptを用いてデータを取得する方法が「**インタラクション解析**」です。

次のようなユーザーの挙動について、データが収集できます。

- ページ内のクリエイティブごとのクリック数やスクロール数
- PDFファイルへのリンクのクリック数や外部サイトへのリンククリック数
- 動画の再生時間や停止した時間
- フォーム上でのユーザーの挙動
- 電話をかけるボタンのクリック数
- 直帰や離脱したページの滞在時間

問7-17の解答：2

クリックヒートマップでは、当該ウェブページのユーザーがクリックした場所を確認できます。クリックヒートマップでは、リンク、画像、テキスト、スペースなど、当該ウェブページのユーザーがクリックしたあらゆるところを確認できます。

ヒートマップツールにはいくつかの種類があり、測定方法や取得できるデータに違いがあるので、混同しないようにしましょう。

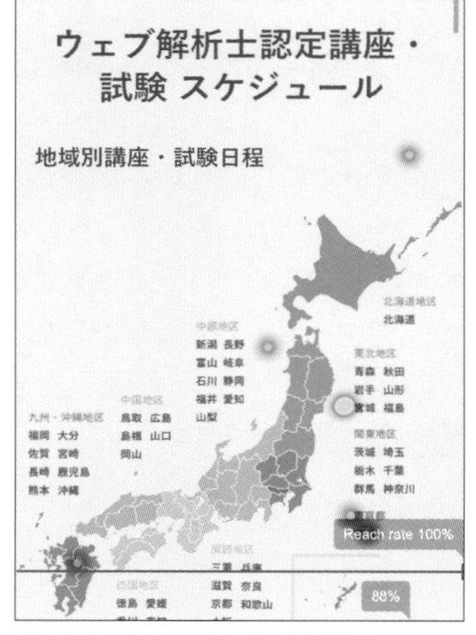

●クリックヒートマップの例

問7-18

サイト内検索を説明している文章として、誤っているものを選びなさい。

1. サイト内検索がよく利用されているページは、ユーザーが迷っている可能性が高いので改善が必要である。
2. 「検索キーワード」を「開始ページ」でクロス集計すると、サイト全体で検索されているのか、特定のページで探しているのに見つからない情報なのかを判断できる。
3. サイト内検索したセッション・ユーザーと、そうでないセッション・ユーザーをセグメント化して比較することで、コンバージョンとの関係性などを調査できる。
4. サイト内検索は目標に設定しにくいので、広告の効果測定とは切り離したほうがよい。

Reference　公式テキスト参照ページ

7-4-3　サイト内検索に関する指標 ………… p.305

問7-19

LPO（ランディングページ最適化）を説明する文章として、正しいものを選びなさい。

1. 検索エンジンサイトの検索結果ページにおいて、表示順の上位に該当のウェブサイトを表示させるよう工夫すること。
2. ウェブサイトの入口となる最初のページを工夫し、コンバージョンとなる割合を高めさせるためのマーケティング手法のこと。
3. ウェブサイトをユーザーに実際に使ってもらい、どこで離脱するかなどを確認して改善しようとすること。
4. 入力フォームの入力項目やエラーの表示方法などのデザインを工夫し、離脱率を改善しようとすること。

Reference　公式テキスト参照ページ

7-5-1　ランディングページの最適化（LPO） ………… p.309

問7-18の解答：4

サイト内検索を実行するユーザーを優良見込み客と考えられるのであれば、サイト内検索を実行した時点でコンバージョンを設定しておくと便利です。

また、サイト内検索フォームの利用状況を調べると、コンテンツやUI、集客の改善アクションにつなげることができます。サイト外検索（検索エンジン）とサイト内検索の主な違いは、次のようなものです。

●サイト外検索とサイト内検索

	サイト外検索	サイト内検索
検索タイミング	サイト訪問の前	サイト訪問の後
サイトとの関連度	低〜高	高
計測の網羅性	低	高：入力された全クエリ

問7-19の解答：2

LPO（Landing Page Optimization）とは、ウェブサイトユーザーの入り口となるランディングページを工夫し、コンバージョン（申し込み、問い合わせなど）の確率を高めるための施策です。

次の3つのポイントで改善を検討します。

- 目的がすぐにユーザーに伝わる工夫を行う
- モバイルファースト
- ページのナビゲーションをシンプルにする

1. は、SEO（Search Engine Optimization）の説明です。
3. は、ユーザビリティ調査の説明です。
4. は、EFO（Entry Form Optimization）の説明です。

問7-20

EFOについて説明する文章として、正しいものを選びなさい。

1. ウェブサイトの入口となる最初のページを工夫し、訪問者がコンバージョンする確率を高めるためのマーケティング手法のこと。
2. XMLベースのフォーマットで、ウェブサイトの見出し、タイトル、要約などのデータを構造化して記述していること。ブログに使われていることが多い。
3. 検索エンジンサイトの検索結果ページにおいて、表示順の上位に該当のウェブサイトを表示させるよう工夫すること。
4. 入力フォームを最適化するための手法。入力形式や入力要素の問題で入力フォームページから離脱するユーザーを減らすために実施すること。

Reference　　公式テキスト参照ページ

7-5-2　エントリーフォームの最適化(EFO) ………… p.312

問7-21

EFOについて、正しいものを選びなさい。

1. イーコマースでは、決済方法が多いとユーザーが戸惑って離脱してしまうため、決済方法は絞ったほうがよい。
2. 入力例があると画面を占有するため、項目と入力欄のみが望ましい。
3. 全角と半角の指定は入力エラーの原因になるため、強制はせずにシステム側で処理して統一するなどが望ましい。
4. プライバシーポリシーなどは読むのに時間がかかり、離脱の原因にもなるため、入力フォームのページから参照させないほうがよい。

Reference　　公式テキスト参照ページ

7-5-2　エントリーフォーム最適化(EFO) ………… p.312

問7-20の解答：4

EFO（**Entry Form Optimization**）とは、フォームで離脱の原因になっているところを特定するために、フォームごとの離脱や滞在時間を測定したり、フォームで離脱が起きにくいような入力支援やエラー表示を行ったりする改善のことをいいます。

1.は、LPOの説明です。**2.**は、サイトマップの説明です。**3.**は、SEOの説明です。

Column

EFOツールは日本発世界行き？

フォーム離脱率の改善には、EFO（Entry Form Optimization）ツールを用います。英語では「Web Form Optimization」「WFO」と呼ばれることが多いようです。EFOツールでは、例えば、全角や半角などの文字種をチェックしたり、郵便番号を住所に変換したりします。

このように便利なEFOツールですが、実は海外では珍しいソリューションです。英語圏では2バイト文字が少ないために必要性がないとも、中国ではフォームよりもチャットを使うことが多いためにフォームが重要ではないからだともいわれています。

第7章

問7-21の解答：3

1. イーコマースサイトであれば、多様な決済手段やギフト対応などの機能は必須です。オプションサービスなども充実させましょう。

2. どのように入力すればよいのかが直感的にわかるように、状況に応じた文言を例示しておきましょう。

3. 全角や半角での入力を強制するなど、不必要に手間のかかる入力指定は避けます。

4. 個人情報の取扱などの最低限担保すべき情報は、フォームから参照できるようにします。

インフォメーション

EFOは、フォームやカートでの離脱を防ぐことが目的です。ユーザーが離脱する原因として、「（半角・全角の違いがわからず）入力できない」「（郵便番号など詳細情報が）わからない」といったものがあるため、EFOを使ってリアルタイムにエラーと対処法を表示したり離脱が多い項目を削除したりして、最適化を図ることが重要になってきます。

問7-22

Googleマイビジネスによる MEO を説明している文章として、誤っているものを選びなさい。

1. Google マイビジネスは無料で利用できる。
2. 自社サイトの中に地図を埋め込むことができる。
3. ハガキによるオーナー確認が必要である。
4. 検索キーワードとの関連性や位置などから表示順が決定される。

Reference　　公式テキスト参照ページ

7-7-2　Google マイビジネスの基礎 ………… p.327

Column

Googleマイビジネスの集客活用

店舗を経営している場合、ウェブを活用したマーケティングのツールの活用は、「何が効果的なのかわからない」など、業種や目的、使う側のリテラシーなどによって、さまざまな感想があることでしょう。

いずれにせよ、日々のテクノロジーの変化や、ユーザー行動の変化を察知し、自店舗経営にとって、最適なマーケティングツールを使うことに目を向けて意識し続けることが重要です。

店舗経営の集客は、オーガニックサーチ、ソーシャルネットワークおよびその広告と併せて、外部ポータルサイトを活用していることが多いようです。例えば、ある美容室では、Instagramの店舗のアカウントや、スタッフのアカウントで「映える」投稿を続けることが集客につながっています。しかし、それでもポータルサイトからの集客を補うことはできず、多額の広告費を削減するまでのインパクトにはなりませんでした。そこで、着手したのが、Googleマイビジネスに力を入れ、店舗情報を正確に入力し、予約のURLを提示し、写真を投稿することでした。これを続けたことにより、Googleマイビジネスを通じた予約を獲得できるようになりました。

大切なのは、「**自社のコンセプトを明確にし、ユーザーの行動を分析した上で、ツールを使い続ける**」ことです。店舗集客に困っているクライアントがあれば、Googleマイビジネスの活用をお勧めしてみるとよいかもしれません。

問7-22の解答：2

MEOとは「**Map Engine Optimization**」の略で、主にGoogleマップのことを指し、地図の検索エンジンに対して最適化することです。オーナー確認などの手続きは必要ですが、無料で利用でき、検索キーワードと位置情報から店舗への誘導が行えます。Googleマイビジネスを始めるためには登録が必要です。アカウントを作成し、ビジネスのカテゴリ、電話番号、ウェブサイトのURLなどの情報を設定します。なお、登録にはハガキなどによるオーナー確認が必要です。これから登録する場合は、余裕をもったスケジュールで進めるようにしましょう。

●Google マイビジネス

ただし、自社サイトにGoogleマップを埋め込むために、Googleマイビジネスの登録が必須というわけではありません。

第８章
レポーティング

本章からは、事業の成果につながるレポーティングを行うために必要となる知識について出題されます。

問8-1

ウェブ解析のレポートに求められることを説明している文章として、適切なものを選びなさい。

1. 主張を担保することが大切である。必要に応じて事実でないことも創作して入れる必要がある。
2. 顧客や上司などに行動を促す、伝わるレポートを作成する。
3. レポートはプレゼンを聞いている人だけに正しく伝わる工夫をすることが大切である。
4. 行動は別に考えるので、過去の分析に注力する。

Reference　公式テキスト参照ページ

8-1-1　ウェブ解析レポートの条件 …… p.332

インフォメーション

レポート作成には、次の書籍が参考になります。サービス名が「Googleデータポータル」に変わりましたが、使い方などに大きな変更がないため、十分に役に立つ内容です。
・『Googleデータスタジオによるレポート作成の教科書』（佐々木 秀憲、稲葉 修久、小田切 紳、藤岡 浩志、井水 大輔、平野 泰章、小田 則子、窪田 望、古橋 香緒里［著］、小川 卓、江尻 俊章［監修］／マイナビ出版 刊／ ISBN978-4-8399-6485-6）

問8-1の解答：2

レポートは相手を動かすためにあります。行動を促す、伝わるレポートを作成しましょう。

1. レポートは、データや行動などの事実に基づいています。事実がないものはレポートではなく、事実を曲げてはいけません。
3. レポートは、その後に報告者抜きで関係者に共有されます。そういった際には、レポートだけで判断されるので、単体でも正しく伝わる工夫が求められます。
4. レポートは、行動を促すものであるため、その行動の結果どうなるかについても触れるようにしましょう。

Column

「80％の人が当たる占い」の数値の理由？？

ある占い師の売り文句に「80％の人が当たる占い」というのがありました。ここで考えたいのは、80％を計算する際に分母には何を設定しているのかということです。この場合、この分母は占いの館に来たお客さまの中で2回目以上の人に「前回の占いは当たりましたか？」という質問をして、「当たった」と答えた割合が80％だったとのことでした。

すでにおわかりかもしれませんが、そもそも当たっていない人は2回目に来る確率が低く、その人たちの人数が分母に入っていないため、当たったと回答する率が高くなっていることは想像に難くありません。

実業務においても、再来訪ユーザーのセグメント分けを行って顧客の高ARPPU化を狙うことがありますが、その際に再来訪しなかったユーザーを考慮することを忘れがちです。仮説を検証する際に、それを支持する情報ばかりを集め、反証する情報を無視または集めようとしない傾向を「**確証バイアス**」と呼びます。「80％当たる占い」は、図らずも、その実例といえます。

私たちが見ているデータ考察が、知らない間に「**確証バイアス**」になっていないかを常に意識した比較検討の視点を入れていくようにしましょう。

問8-2

ウェブ解析レポートに求められることとして、不適切なものを選びなさい。

1. まさに今、困っている問題の解決を意識して作成する。
2. 主張を裏付けるため、自分の勘と経験から判断したことをわかりやすく図解する。
3. 顧客や上司など、相手の行動を喚起する内容にする。
4. レポートは独り歩きして共有されていくので、レポートだけでも伝わるように、工夫を行う。

Reference　　公式テキスト参照ページ

8-1-1　ウェブ解析レポートの条件 …… p.332

問8-3

次の文章の空欄内に入る組み合わせとして、正しいものを選びなさい。

ウェブ解析レポートは、関係者の(A)を促すことが必要である。また、比較するために使うことがあっても、(B)のレポートを見て役立つことはない。今すぐ(A)させないと、(C)はないといえる。

1. (A)行動　(B)最近　(C)必要
2. (A)賛同　(B)過去　(C)成功
3. (A)賛同　(B)最近　(C)必要
4. (A)行動　(B)過去　(C)成功

Reference　　公式テキスト参照ページ

8-1-1　ウェブ解析レポートの条件 …… p.332

第8章

問8-2の解答：2

ウェブ解析レポートは、「ファクトベース」「行動を促す」「独り歩きを前提とする」という3つが必要条件です。

1. ウェブ業界は変遷が激しいため、あとからレポートを見ても古くなっていて役に立たないこともよくあります。だからこそ、「今」行動を起こさないと、価値がなくなってしまいます。
2. ファクトベースで考えましょう。レポートはデータや行動などの事実に根ざしています。事実がないものはレポートではないですし、事実を曲げてもいけません。
3. 行動を促しましょう。レポートは伝える相手を動かすためにあります。相手が動かなかったということは、伝わらない、よくないレポートだったということです。
4. 独り歩きを前提としましょう。レポートを納品したあとは、報告者抜きで関係者に共有されます。レポートだけで判断されることになっても正しく伝わる工夫が求められます。

問8-3の解答：4

過去の数値とただ比較するだけのレポートでは、まったく意味がありません。今すぐ行動させないと、価値がないのです。まさに今困っていることを解決する、改善するレポートであることが成功の鍵なのです。

レポートの準備段階では、次のようなドキュメントを用意しておくとよいでしょう。

- 提案依頼書・要件定義書
- SDR
- 課題管理表
- UX／UI指示書

インフォメーション

これらの技術的環境についての文書は、公式テキストの「3-1-3　技術的環境の文書の活用」（p.118）で説明しています。また、ここに挙げられていない文書も、レポート作成の参考になることがあります。

問8-4

ウェブ解析レポートについて、誤っているものを選びなさい。

1. ユーザビリティ・ヒューリスティック調査レポートによって、使いやすさやデザインの改善ポイントを見出すことができる。
2. キーワードツールやインターネット視聴率調査によって、競合他社の動向もベンチマーク解析レポートとして求められる。
3. ミクロ解析では、ページごとのセッション数や直帰率を把握することでユーザーの動線を確認し、そこからユーザーの気持ちや思いを汲み取り、サービスやウェブサイトの改善につなげる。
4. ユーザーの意図や気持ちなどを把握するために、ユーザーアンケート調査が役立つ。

Reference　公式テキスト参照ページ

8-1-2　ウェブ解析レポートの種類 ……… p.332

問8-5

レポート作成の流れについて、誤っているものを選びなさい。

1. レポートの準備としては、ウェブサイトの収益構造把握や目標値設定も重要な仕事である。
2. 改善提案をする際は、作成者が優先順位をつけないほうが望ましい。
3. レポートの最初の1～2ページは、エグゼクティブサマリーとする。
4. レポートに課題管理表を付けることで、実際の行動や評価につながる。

Reference　公式テキスト参照ページ

8-1-3　ウェブ解析レポート作成の流れ ……… p.334

問8-4の解答：3

1. **ユーザビリティ・ヒューリスティック調査レポート**は、アクセス解析のデータでは把握するのが難しい、使いやすさやデザインの改善ポイントを調査するものです。アクセス解析で問題のあるページを発見し、そのページに対してユーザビリティ調査やヒューリスティック調査を行います。
2. **ベンチマーク解析レポート**は外部環境調査レポートの1つですが、アクセス解析で組織名分析をしたり、キーワードツールで競合製品と自社製品へのユーザーの関心動向を調べたり、インターネット視聴率調査で競合のウェブマーケティング状況を把握したりすれば、競合他社の動向を知りたいというニーズにも対応できます。
3. **ミクロ解析**は、ページ単位ではなくユーザー単位で実施します。
4. 例えば、キャンペーンを実施した前後で、ユーザーからの製品やサービスに対する印象がどう変わったのかを測定することは有効な指標といえます。

問8-5の解答：2

レポートは、時間がない人でも判断しやすくなるように、**エグゼクティブサマリー**による目標値の明記や、**課題管理表**と併せて**優先順位**も明確にしておきましょう。

Column

レポートの良し悪しは事前情報が決める

事前情報収集に時間をかけましょう。RFPや要件定義、サイトフローなど、アクセス解析をする前に知っておくとよい情報はたくさんあります。できれば、担当者に説明してもらいましょう。何よりも大事な事前情報は「事業の理解」だからです。

そのときにRPFやSDRを確認するとブレが出ることもありません。SDRは、自分のためにも周りのためにも準備しておきたい指標です。

SDRは、Adobe Analyticsの解析ではとても重要な資料となりますが、自分のためにも作ったほうがよいでしょう。どれも設定画面だけでは情報が足りません。「コンバージョンや除外の設定」「カスタム変数」「インタラクション解析の設定」「広告のパラメーターの定義」などは個別に作っておきましょう。

問8-6

ウェブ解析データの集計を説明している文章として、適切なものを選びなさい。

1. ウェブ解析のデータをグラフ化するとスペースをとるため、極力避ける。
2. 半年間のアクセス解析レポートで月別の集計では大雑把で使いものにならないため、日別ページビュー数をグラフ化する。
3. ウェブ解析レポートの数字の誤りを発見するために、必ず同じデータで2回レポートを作る。
4. ウェブ解析レポートでは、可能であればレポート作成担当とは別にクオリティを確認する担当を立てて、品質を担保する。

Reference　　公式テキスト参照ページ

8-1-3　ウェブ解析レポート作成の流れ …… p.334

問8-7

ウェブ解析レポート作成手順を説明している文章として、誤っているものを選びなさい。

1. ウェブ解析レポートを作成後、ビジネスの環境分析やウェブマーケティングに関する要件定義・設計資料を入手し、整合性を確認する。
2. 図表のビジュアライゼーションと課題管理表のアップデートを行った上で、プレゼンテーションの日時を決め、レポートを事前に渡す。
3. 企画立案やデータ収集の際に、クライアントに要件を確認し、データの収集を行い、提案施策をまとめる。
4. ラフの作成とは、ロジックを組み立て、レポートのアウトラインを組み立て、タイトル、コメント、データの位置を決めることなどを指す。

Reference　　公式テキスト参照ページ

8-1-3　ウェブ解析レポート作成の流れ …… p.334

問8-6の解答：4

ウェブ解析レポートに限ったことではありませんが、レポート作成担当とは別に、クオリティを確認する担当がいると品質の担保につながります。

1. ウェブ解析のデータは、グラフを用いることでわかりやすく伝えるようにします。
2. 半年間などの長期にわたるデータは、月別にまとめて傾向をつかみやすくすることを心がけましょう。
3. ウェブ解析レポートの数字の誤りを発見するためにも、クオリティを確認する担当を割り当てます。

問8-7の解答：1

ビジネスの環境分析やウェブマーケティングに関する要件定義・設計資料は、戦略を立てる上で事前に必要になるので、レポート作成前に入手しましょう。

Column

平均値を使う際には、データ群の背景に目を向ける

一般には、**平均**とは**算術平均**を指す場合が多いでしょう。しかし、平均には、**相加平均・相乗平均・調和平均**などもあり、算術平均をとっても意味がない場合があります。

ここでは、分布を描いたときに山が2つになる場合について紹介します。

例えば、「日本企業の平均給与額」という平均の値があるとします。そもそも給与額は正規分布ではないこともありますが、それ以上に業界によって給与の相場が違います。平均400万円程度の業界もあれば平均700万円程度の業界もあり、その給与が高いかどうかを判断する際は業界に絞り込んだ平均給与額が必要です。

実業務においても、自分が気づかない間に複数のクラスター(この例では「業界」)を含めた平均で議論していることがあるという視点を常に持ち、計算しているデータの集合に含まれるクラスターは何かを意識して解析していくとよいでしょう。

問8-8

レポート作成時の注意点を説明している文章として、正しいものを選びなさい。

1. 冒頭では詳細項目をまず報告し、最後にエグゼクティブサマリーを付ける。
2. 違いを明らかにするために、グラフでは目盛りを省略したり、多くの色を使うことが好ましい。
3. 改善提案をするときには、優先順位を付けないほうがよい。
4. クライアントや関係者に共感してもらい、次の一歩につながる意思決定を促せるレポートを常に心がけることが大切である。

Reference　　公式テキスト参照ページ

8-1-3　ウェブ解析レポート作成の流れ …… p.334

問8-9

ロジックツリーの作り方として、正しいもの選びなさい。

1. 提案の見込みコストや売上を提示しない。
2. KPIは、KGIを単純に分解して記載する。
3. KSFは、目標達成のための成功要因を記載する。
4. 混乱を避けるため、根拠としてのページ番号は掲載しない。

Reference　　公式テキスト参照ページ

8-2-2　ロジックツリーの作り方 …… p.340

問8-8の解答：4

1. エグゼクティブサマリーは、レポートにおける概要、全体の要約を述べる部分です。レポート全体の傾向をつかむために、レポートの最初のほうにエグゼクティブサマリーを付けるようにしてください。
2. 違いを明らかにするためには、伝えたい部分のみに色を使うといった配慮が必要です。また、グラフの目盛りは最小限にすべきですが、すべて省略しては何を伝えたいのかがわからなくなります。
3. 改善提案をするときには、必ず優先順位を付けましょう。

Column

ウェブ解析は「人の解析」

ウェブ解析では、どのような思いで商品を探し、どのような考えでコンバージョンしたか、ユーザーの気持ちを汲み取ることが重要です。そして、その解釈を伝える相手も「人」です。レポートを読んだ人が、どうすれば理解を得やすいか、行動につながりやすいかを考えましょう。

問8-9の解答：3

ロジックツリーは、次の順で表現してください。

① **KGI**：事業で与えられた達成すべき最終目標です。

② **KSF**：目標達成のための主要成功要因です。

③ **KPI**：KGIの達成に向けてKSFから分解した各プロセスの到達度を測る指標です。

④ **根拠**：KPIやKSFの根拠となるデータを紹介しているページや端的な結果を表現します。

⑥ **費用・期待効果**：提案実施のためのコストと、期待できる売上やトラフィック増加の見込みを提示します。

インフォメーション

実際にロジックツリーを書いてみると、特徴を掴むことができます。手書きのメモでも十分なので、テキストを見ながら一度は書いてみましょう。

問8-10

MECEおよび構造化を説明している文章として、正しいものを選びなさい。

1. 重複する論理については、その部分を強調して伝えるために削除しないようにする。
2. 上下の階層について、MECEであることだけが必要である。
3. 既存のフレームワークを活用すると、論理や事象の構造を理解できる。
4. 構造化には「事象」と「成果」の2つの側面がある。

Reference　公式テキスト参照ページ

8-2-3　コメントの書き方 …… p.342

Column

外れ値が及ぼす影響とその外し方

例えば、ある標本集団において、あまりに高い観測をした標本が存在していると、それを外れ値とすべきかどうかに悩むことがあります。この例だと、その外れ値を抜いても、中央値はあまり変わらないにもかかわらず、平均値が大きく変化するという性質があります。

このような場合、もし母集団が正規分布に従うと仮定できるのであれば、有意水準5%の区間になる1.96σを目安にデータを削除したのちに平均をとるというのも1つの手法です。もし、このような操作が難しいときは、標本集団を大きさなどで並べ直し、第1四分位数と第3四分位数の間にあるデータのみを使った平均をとってみてもよいでしょう。

いずれの場合においても、実業務において平均などを求めるときは、ヒストグラムを書いて分布の傾向を読み取ったりするという集計作業前の確認が重要です。

問8-10の解答：3

MECEは、「Mutually Exclusive and Collectively Exhaustive」の頭文字をとったもので、**「それぞれが重複することなく、全体としてモレがない」**という意味です。MECEによって、重要な点の見落とし（モレ）がないか、あるいは、同じことが重複（ダブり）していないかをチェックします。MECEを活用するためのポイントは、次のようになります。

- **既存のフレームワークを活用する**
  3C分析や4P分析といったフレームワークを使うことで、短時間、かつ、正確に構造を理解できます。
- **ダブりよりもモレがないことに注意する**
  ダブりはあとで除去できますが、モレはそうはいきません。見落としがないかどうかを重点的にチェックしましょう。
- **階層レベルに注意する**
  正しい論理構造では、同一の階層に位置する複数の要素は横方向にMECEな関係になっていなければなりません。異なるレベルのものを同じレベルとして扱わないようにすることが大切です。

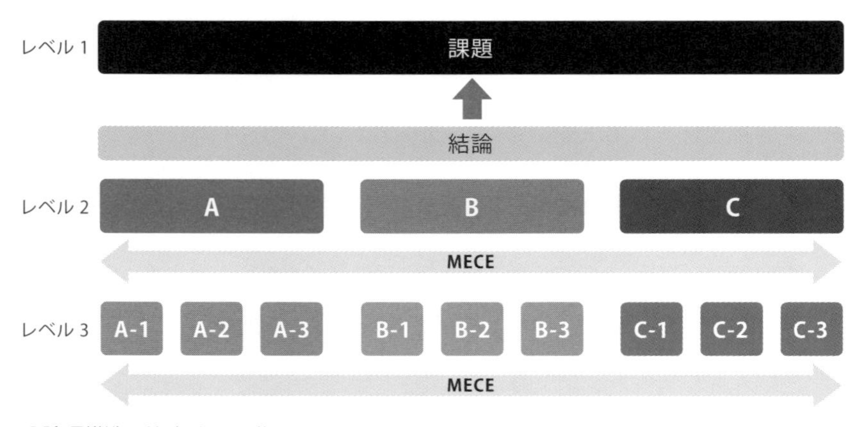

●論理構造で注意すべき階層レベルの例

第8章

問8-11

データの表現方法を説明している文章として、誤っているものを選びなさい。

1. 色の種類を増やすと多種多様な表現ができる。
2. 色の濃淡や形を変えることで差異を付けられる。
3. 線の種類や太さなどで差異を付けられる。
4. 罫線や色を使わなくても多種多様な表現ができる。

Reference　　公式テキスト参照ページ

8-3-1　表現の基本 ………………………… p.344

Column

警察官の数と交番の数と人口の相関？？

警察庁のウェブページ(https://www.npa.go.jp/hakusyo/r01/honbun/html/vs300000.html)に行き、各都道府県の警察官定員と110番通報受理件数の散布図を書いてみてください。図をプロットしてみると、正の相関が見られます。この結果から、「**警察官の数が増えると、110番通報の数が増える**」という正の相関を考察する人がいるかもしれません。

すでにお気づきでしょうが、各都道府県の警察官定員は、各都道府県の人口に、ほぼ比例して配置されています。つまり、人口が増えると110番通報の数が増えるのであって、警察官の数が増えると110番が増えるわけではありません。

実業務においても、こういった「**偽相関**」をミスリードする場面を見かけることがあります。この偽相関のすべてを見抜ける技という方法は存在しませんが、KPIの関係性を理解し、定常的に観測していると気が付きやすくなります。日ごろの業務でもKPIツリーを活用し、偽相関を避けて考察できる環境構築をしていきましょう。

問8-11の解答：1

レポートの原則は「**シンプルにすること**」です。色数、フォントの種類、サイズの種類が増えると、まとまりがなく伝わらないレポートになってしまうので注意しましょう。

色を付けて目立たせるのはどのような場合か、記号を付けるときはどんな場合か、線や文字装飾は何に使うのかなどを最初に決めてベースのテンプレートにすると、全体の統一感が増します。

色、記号、線、文字装飾だけでもかなりの表現が可能です。適切な表現方法を選び、なるべく表現を抑えることが、見せたいデータやメッセージを目立たせるコツです。

●レポートにおける表現の基本

サイズ	レポートを作る前に発表環境を確認し、適切なサイズにする
フォント	フォントは、必ず統一する。ページタイトル、サブタイトル、グラフや表のタイトル、コメント、注釈などの要素によって、サイズや配置（中央寄せなど）を決定する
文字装飾	不要な装飾をしない。ボールド、イタリック、下線などの表現をどの目的で使うかを決めておく
割合の表現	パーセント（%）の増減はポイント（pt）を用いる。3%から6%に増えた場合は3pt増加として、200%増加や3%増加とは表現しない
色	なるべく同系色や類似色でまとめ、色数は極力減らす
線	グラフ内の補助線や表の罫線などは、極力減らす。レポート内のコンテンツの区切りなども必要最小限の線で表現する
記号	タイトルに【】などの括弧を使ったり、タイトルの頭に■や◆などを置いたりするのは避ける

問8-12

コンバージョン率が2.0%から3.0%に増加したとき、最も適切な表現方法を選びなさい。

1. コンバージョン率が50%増えて、2.0%から3.0%になった。
2. コンバージョン率が1%増えて、2.0%から3.0%になった。
3. コンバージョン率が50ポイント増えて、2.0%から3.0%になった。
4. コンバージョン率が1ポイント増えて、2.0%から3.0%になった。

Reference　　公式テキスト参照ページ

8-3-1　表現の基本 …… p.344

問8-13

表とグラフによる表現方法について、誤っているものを選びなさい。

1. 項目に対する値を並べたものを単純集計といい、2つ以上の項目に着目したものをクロス集計という。
2. 総計に対する内訳を項目ごとに比較する場合、クロス集計が便利である。
3. 複数の項目ごとの違いや特徴を知りたいときには、クロス集計を使う。
4. 表での表現方法には、クロス集計とディメンションがある。

Reference　　公式テキスト参照ページ

8-3-2　表とグラフの種類 …… p.346

問8-12の解答：4

1. 増加率自体は間違っていませんが、パーセンテージの増加をパーセンテージで示すのは混乱を招くので避けます。
2. 1.と同様に、場合によっては増加率と混同しかねないので、「ポイント」で説明する習慣をつけておきましょう。
3. ポイントは割合の変化を表すため、50ポイントは誤りです。
4. 割合の増減はポイント（pt）を用いると、混乱を招くことはありません。

問8-13の解答：4

クロス集計は、2つ以上の項目に着目して表現したものです。これにより、複数の項目ごとの特徴や違いを把握できます。

●クロス集計の表の例

	セッション数		
デバイス別	合計	新規訪問数	リピーター
デスクトップ	17,435	9,016	8,419
モバイル	10,237	5,544	4,693
タブレット	784	405	379
合計	28,456	14,965	13,491

問8-14

次の文章の空欄に当てはまるものとして、正しい組み合わせを選びなさい。

アクセス解析レポートで用いるグラフの中でも、(A)は、縦軸、横軸、(B)の3次元でデータを表せることが大きな特徴である。

1. (A)バブルチャート　(B)面積
2. (A)散布図　(B)面積
3. (A)バブルチャート　(B)時間軸
4. (A)散布図　(B)時間軸

Reference　公式テキスト参照ページ

8-3-2　表とグラフの種類 ………… p.346

問8-15

表とグラフによる表現方法を説明している文章として、正しいものを選びなさい。

1. 棒グラフで差のあるデータを比較するには、目盛りや長さを省略してわかりやすくする。
2. 円グラフでは、多くの項目をわかりやすく比較することができる。
3. 構成要素の比率の違いを表現するには、折れ線グラフが用いられる。
4. 積み上げ面グラフは、複数のデータの合計を表現する際に用いられる。

Reference　公式テキスト参照ページ

8-3-2　表とグラフの種類 ………… p.346

問8-14の解答：1

散布図では縦軸と横軸の2次元でしかデータを表せませんが、バブルチャートでは3次元のデータを表せます。縦軸と横軸に加え、各データの面積の大小で第3のデータも表現できるのがバブルチャートの特徴です。

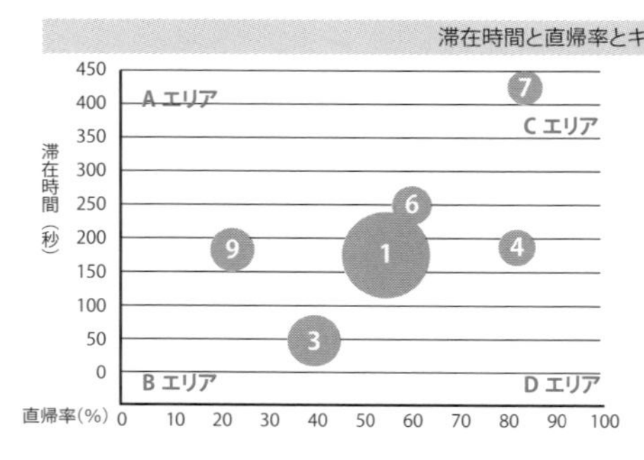

バブル NO.	キーワード名
1	シビラ
2	SEO レポート
3	アクセス解析
4	アクセス解析とは
5	アクセス解析 リンク元なし javascript
6	直帰率
7	経路
8	経路解析
9	sibulla
10	seo 効果測定ツール

●バブルチャートの例

問8-15の解答：4

積み上げ面グラフは、複数のデータの合計を表現する際に便利です。

1. 棒グラフで目盛りや長さを省略する人がいますが、正しい比較ができなくなるため、そういった表現はしないようにしてください。

2. 円グラフには、4つ以上の項目を比較するとわかりにくいという欠点があります。

3. 構成要素の比率の違いを表現するには、100%積み上げ棒グラフが適しています。

●積み上げ面グラフの例

問8-16

自動レポーティングツールの活用について、最も適切なものを選びなさい。

1. 「Google Analytics Spreadsheet Add-on」は、無料のビジュアライゼーションツールである。
2. 「Tableau(タブロー)」は、蓄積したデータを多角的に解析することができるBIツールである。
3. 「Google データポータル」は、課題管理を行うためのソリューションである。
4. 企業に蓄積された大量のデータをさまざまな角度から解析して経営に役立てるには、「Redmine(レッドマイン)」のような課題管理ツールが効果的である。

Reference　公式テキスト参照ページ
8-4-1　自動レポーティングツールの活用 ……… p.354

問8-17

ある月のコンバージョン数(受注件数)の平均値が「7」だった。このデータから判断できる、適切なものを選びなさい。

1. 7件受注できた日が最も多い。
2. このデータのヒストグラムを考え、分布を把握すべきである。
3. 正規分布といえるので、コンバージョン数は1件～ 13件で左右対称になっている。
4. その月のコンバージョン数の中央値も、ほぼ7になる。

Reference　公式テキスト参照ページ
8-5-1　基本統計量の算出 ……… p.359

問8-16の解答：2

「**Tableau**（タブロー）」は、蓄積したデータを多角的に解析することができるBIツールです。

1. **Google Analytics Spreadsheet Add-on**は、Googleが提供する無料のアドオンで、Google アナリティクスのデータをGoogle スプレッドシートにインポートするものです。
3. **Google データポータル**は、無料のビジュアライゼーションツールです。Google アナリティクス以外にも、Google 広告やGoogle Search Consoleなどのさまざまなデータをインポートし、容易に視覚化（ビジュアライズ）できます。
4. 企業に蓄積された大量のデータをさまざまな角度から解析して経営に役立てるには、**データマイニングツール**が効果的です。

問8-17の解答：2

平均値だけでは、そのデータの特徴を把握することはできません。必ず**ヒストグラム**や**中央値**、**最頻値**などを用いてデータの分布状況を把握しましょう。

1. **平均値**と**最頻値**が同じとは限りません。
2. **ヒストグラム**は、度数分布を示すグラフのことです。
3. **正規分布**とは、平均値の周辺にデータが集まるようなデータの分布を表した、連続的な変数に関する確率分布のことです。
4. **平均値**と**中央値**が同じとは限りません。

例えば、9月1日には181件売れたにもかかわらず、2日から30日までは毎日1件しか売れない場合でも、9月の平均値は7件になります。この場合、平均値と最頻値、中央値は異なる値になります。これは極端な例ですが、分布を考えないと傾向がつかめないため、平均値には注意が必要です。

問8-18

「中央値」を説明している文章として正しいものを選びなさい。

1. データの総和をデータの個数で割った値である。
2. データの偏りがあり、かつ、ある範囲にデータが集中している場合に向いている。
3. データが左右非対称であっても、そのデータの中央を表す。
4. データ群の中で最も小さい値と最も大きい値の差のことである。

Reference　公式テキスト参照ページ

8-5-1　基本統計量の算出 …… p.359

問8-19

次の文章の空欄に入る組み合わせとして、正しいものを選びなさい。

2つのデータの相関関係は、(A)を作成し、(A)から(B)を求めることで、相関の強弱を確認できる。

1. (A)散布図　(B)標準偏差
2. (A)散布図　(B)相関係数
3. (A)ヒストグラム　(B)分布状況
4. (A)ヒストグラム　(B)分散

Reference　公式テキスト参照ページ

8-5-2　相関係数 …… p.362

問8-18の解答：3

「**中央値**」は、データを昇順に並べたとき、中央に位置するデータの値です。データが左右非対称にバラツキがある場合、そのデータの中央を表します。

1. データの総和をデータの個数で割った値は、**平均値**になります。
2. 最頻値の説明です。
4. データ群の中で最も小さい値と最も大きい値の差のことを**範囲**（レンジ）といいます。

インフォメーション

「**正規分布**」とは、観測データを横軸に、その数や確率を縦軸にとった分布曲線です。中央が盛り上がった「釣鐘型」の曲線となり、中央値と平均値が一致します。

問8-19の解答：2

2つのデータの相関関係を見る際、散布図を作成すると便利です。散布図を見るときは、単に分布具合を見るだけでなく、相関係数（通常、「r」と表します）による相関の強弱を見ることで、より信頼度が高まります。

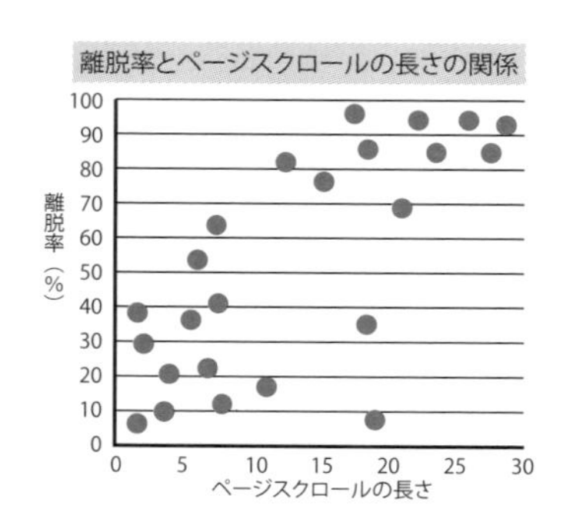

●散布図の例

第8章

問8-20

差の検定について、正しいものを選びなさい。

1. 差の検定はA/Bテストでよく用いられ、AとBに有意差があることを判断するのに用いる。
2. 検定では対立仮説「AとBに差がない」を棄却して、帰無仮説「AとBに差がある」を採用するという方法をとる。
3. 有意水準とは、その結果が絶対に起こる水準値のことで、一般的に100%を用いる。
4. 検定で求めた統計量が棄却域以上の場合、帰無仮説が採用され、対立仮説が棄却される。

Reference　公式テキスト参照ページ
8-5-3　差の検定 …… p.362

第8章

問8-20の解答：1

コンバージョン率の向上を目的にA/Bテストを行った際、その2つに有意差があるかを判断するために、差の検定が用いられます。

2. 検定では**帰無仮説「AとBに差がない」**という仮説を棄却して、**対立仮説「AとBに差がある」**を採用するという方法を採ります。
3. 有意水準は、一般的には**95%**が用いられます。
4. 検定で求めた統計量が**棄却域以下**の場合、**帰無仮説が採用**され、**対立仮説が棄却**される。

STAFF

●問題作成：沖本 一生、高橋 修、寺岡 幸二、長谷川 智史、森永 乃武幸

●監修：　江尻 俊章

●校正：　阿部 義之、石本 憲貴、稲辺 葉純、内林 祐貴、小笠原 優路、岡田 光平、尾関 大地、香川 卓也、桂川 誠、菊池 あみ、楠田 祐馬、窪田 望、小杉 聖、笹川 潔、笹川 純一、佐藤 昭仁、佐藤 あゆみ、佐藤 郁弥、佐藤 亘、杉山 健一郎、角田 一平、瀬在 浩貴、瀬野 健一、武居 惠美、田中 十升、茶位 優、鶴飼 力也、冨岡 晶、中田 延孝、中村 和正、中村 祐貴子、難波 和伯、新部 則子、福田 健治、増岡 秀樹、増田 賢一、松浦 啓、松尾 圭浩、宮本 裕志、村木 仁志、桃谷 雅美、山口 誠治、山田 久美子、山中 寛子、横山 裕美、吉田 大祐、吉田 哲也

●DTP：　本薗 直美（株式会社アクティブ）

●装丁：　高橋 奈美

●編集担当：西田 雅典（株式会社マイナビ出版）

改訂版 ウェブ解析士 認定試験 2020問題集

2020年　3月 31日　　初版 改訂版第1刷発行
2020年　10月　7日　　　　改訂版第3刷発行

著者　ウェブ解析士協会 カリキュラム委員会
発行者　滝口 直樹
発行所　株式会社マイナビ出版
〒101-0003　東京都千代田区一ツ橋2-6-3 一ツ橋ビル 2F
TEL：0480-38-6872（注文専用ダイヤル）
TEL：03-3556-2731（販売）
TEL：03-3556-2736（編集）
E-Mail：pc-books@mynavi.jp
URL：https://book.mynavi.jp
印刷・製本　シナノ印刷株式会社

ISBN978-4-8399-7328-5